复杂机械产品模块化集成制造

李梦奇 著

·北京·

内 容 提 要

模块化通过将系统分解为相对独立的组成部分并以标准接口相互连接的方式减少产品发展过程中的复杂程度。本书基于模块化思想，研究复杂机械产品分解成相对简单的可进行独立设计的半自律性子系统模块或功能独立模块的模块化集成制造模式，建立集成框架体系，系统研究集成制造模式中模块化分解、模块求解、模块集成以及产品全生命周期的过程支撑技术。

本书可供从事机械工程设计与制造的科研和工程技术人员参考，亦可作为高等学校本科生和研究生的教学参考用书。

图书在版编目（CIP）数据

复杂机械产品模块化集成制造 / 李梦奇著. -- 北京：中国水利水电出版社，2016.12
ISBN 978-7-5170-5104-6

Ⅰ. ①复… Ⅱ. ①李… Ⅲ. ①机械制造－模块化组装 Ⅳ. ①TH16

中国版本图书馆CIP数据核字(2016)第324223号

书　　名	复杂机械产品模块化集成制造 FUZA JIXIE CHANPIN MOKUAIHUA JICHENG ZHIZAO
作　　者	李梦奇　著
出版发行	中国水利水电出版社 （北京市海淀区玉渊潭南路 1 号 D 座　100038） 网址：www.waterpub.com.cn E-mail：sales@waterpub.com.cn 电话：（010）68367658（营销中心）
经　　售	北京科水图书销售中心（零售） 电话：（010）88383994、63202643、68545874 全国各地新华书店和相关出版物销售网点
排　　版	北京智博尚书文化传媒有限公司
印　　刷	北京市媛明印刷厂
规　　格	170mm×240mm　16 开本　11.25 印张　174 千字
版　　次	2017 年 4 月第 1 版　2017 年 4 月第 1 次印刷
印　　数	0001—2000 册
定　　价	42.00 元

前　　言

对于光、机、电、流等多学科一体化的复杂机械产品，传统的零部件分解-协调的制造模式由于系统分解和集成运算量大、分解粒度不确定，导致了事实上的实现困难或实现过程中的多次返工，在质量保障和完成时间方面存在大量问题。本书将模块化思想应用到复杂机械产品制造中，提出模块化集成制造模式，通过将复杂机械产品或系统分解成相对简单的可进行独立设计的半自律性子系统模块或功能独立模块的方式实现产品制造。

本书面向全生命周期综合考虑产品制造，以模块为界把产品分为外部参数和内部参数，通过模块化分解和模块集成实现复杂机械产品，提出模块化集成制造模式，建立模块化集成制造框架体系，界定了模块化集成制造的模块化分解、模块求解、模块集成与系统建模等关键方面；分为独立模块和虚拟模块两类，从功能、接口、性能、结构、几何等特征函数定义模块，明确功能和结构作为模块划分的关键要素；归纳总结基于“功能元”或者基于系统中的能量流、物质流和信息流的划分模块的“功能元集合法”“流图通路法”“DSM 聚类”“基于灵敏度分析”的模块分解方法；虚拟模块方式实现图纸与报告模块化的模块化求解；模块集成不仅包括结构上的装配，同时还包括信息、环境、设备、人员及时间等资源的综合，集成序列规划和集成路径规划是集成的关键；制造是用户域、功能域、参数域、过程域、实体域的多领域映射过程，采用 DSM 处理域内元素关系和 DMM 进行域间元素映射。

感谢湖南省自然科学基金“面向一体化精度单元的数控机床 F-M-C 分解及建模（2016JJ4081）”和“基于 DSMF 的复杂产品系统模块化分解（12JJ6053）”、湖南省高等学校创新平台开放基金项目“面向 PSA 质量的数控机床精度建模研究（15K113）”等项目对作者在课题研究和专著出版中的相关资助。

作者在研究复杂机械产品模块化集成制造过程中，得到了重庆大学机械工程学院和邵阳学院机械与能源工程系的多位教师、研究生的支持和帮助，在此深深表示感谢！

复杂机械产品发展迅速，采用模块化方式的集成制造也在快速发展，技术以及模式不断更新。由于作者水平所限，加上时间仓促、精力有限，书中的错漏之处在所难免，恳请读者和同行不吝指正。

作　者

2016 年 10 月

目　　录

第1章　绪论

1.1　复杂机械产品及其研究背景和意义

1.1.1　传统机械与现代机械

1．机械与机械工程

机械（machinery），源自于希腊语 mechine 及拉丁文 mecina，原指“巧妙的设计”，作为一般性的机械概念，可以追溯到古罗马时期，主要是为了区别于手工工具。机械（machinery）是机构（mechanism）与机器（machine）的总称[1-1]。机构是一个具有相对机械运动的构件系统，用来传递与变换运动和动力的可动装置。机构是机器的重要组成部分。机器是一种人为实物组合的具有确定机械运动的装置，用来完成有用功、转换能量或处理信息，以代替或减轻人类的劳动。

在发展过程中，内容广泛的机械工程专业实际上已经形成了能源工程、信息工程、工艺或材料工程三大领域。通常把这三个领域的技术系统分别称为机器、设备、仪器。根据技术系统中的转化和传递对象的不同划分标准[1-2]为：

机器：以通过任意方式实现能量转变和形成能量流为主要目的。

设备：以通过任意方式实现物料转变和形成物料流为主要目的。

仪器：以通过任意方式实现信息转变和形成信息流为主要目的。

现代机器由动力系统、传动系统、执行系统和控制系统四部分组成。

2．机电一体化

机电一体化（mechatronics），由机械学（mechanics）的前半部分和电子学（electronics）的后半部分组合而成，或称机械电子工程或机械电子学，是 20 世纪70年代由日本提出、用于描述机械工程和电子工程有机结合的术语。机械电子技术涉及机械技术、计算机与信息处理技术、检测与传感技术、自动控制技术、伺服驱动技术、系统总体技术[1-3]。

基于机电一体化技术的产品是机电一体化产品，或称机电产品。根据产品中电子工程的功能，机电产品大致可分为四类[1-4]：

（1）在原有机械结构的产品中，采用电子装置来控制其性能，使之具有更好、更多的功能，如数控机床、工业机器人、电子控制发动机以及各种采用电子技术的（轻工、纺织、印刷、包装和医疗器械等各领域）机械；

（2）机械产品中一部分机械控制机构由电子装置取代，使之有机组合成机电合一的新装置和系统，如电子照相机、打印机、缝纫机和自动售货机等；

（3）原执行信息处理功能机构被电子装置取代，如电子计算器代替手格式计算器、电子式电话交换机代替机电式电话交换机、石英电子钟表代替机械式钟表等；

（4）机械本身比较简单而以电子装置为主的机电共存产品，如传真机、复印机、录音机、电子化仪器仪表、磁盘存储器及其他各种信息处理设备等。

3. 光机电一体化

光机电一体化技术（opto-mechatronics）是由机械技术与激光-微电子等技术糅合融会在一起的新兴技术[1-5]。光机电一体化产品一般由传感、驱动、控制和执行机构四部分组成。

激光技术与微型计算机为代表的微电子技术迅速发展，向机电工业领域迅猛渗透，与机电技术深度结合的现代工业的基础上，综合应用机械技术、微电子技术、信息技术、自动控制技术、传感控制技术、电力电子技术、接口技术及软件编程技术等群体技术，从系统的观点出发，根据系统功能目标和优化组织结构目标，以智能、动力、结构、运动和感知组成要素为基础，在高功能、高质量、高精度、高可靠性、低能耗意义上实现多种技术功能复合的系统工程技术。

光机电一体化技术涉及机械制造、交通、家电、仪器仪表、医疗、玩具娱乐等众多行业，在工业和经济发展中有着重要的地位。信息、生物、空间、海洋、新材料、新能源等高科技领域，国防装备的信息化、现代化及传统产业的改造都离不开光机电一体化技术的发展。

1.1.2 复杂机械产品

1. 复杂产品系统

复杂产品系统（Complex Products Systems，CoPS）是由美国军事开发系统中大型技术系统（large technical system）演化而来，由英国 Sussex 大学科技政策研究所 Hobday 和 Brighton 大学创新管理研究中心 Hansen、Rush 于 1998 年较为系统地提出，Hobday 将 CoPS 作为与传统大规模制造产品有重大差异的产品类型进行单独研究，开创复杂产品系统研究的新时代。复杂产品系统指的是研发投入大、技术含量高、单件或小批量定制化生产的大型产品、系统或基础设施[1-6][1-7]。

Prencipe 指出[1-8]复杂产品系统创新过程动力、竞争策略以及工业化联合分类等方面与简单产品和大批量产品的差别，提出鉴别复杂产品系统主要考虑其成本、项目周期、复杂程度、技术不定性、系统层次、定制化程度、风险、元器件种类、知识和技能含量、软件应用范围等因素。系统组成复杂程度和技术不确定程度是判断复杂产品系统的决定因素。产品空间大小并不是判定复杂系统的关键因素，但是产品大小对研究思维的影响也是不容忽视的。

以产品组成复杂程度、技术不确定程度和产品空间尺寸大小建立基准，对产品进行分类。组成复杂程度分为三个层次：零部件装配、集成系统、子系统阵列；技术不确定程度分为四种类型：传统技术类型、中等技术类型、高技术类型、超高技术类型；产品空间尺寸大小：小型、中型、大型、巨型、极端（极小、极大）。产品分类维度及复杂产品系统如图 1.1 所示。

复杂产品系统的特征主要表现在以下方面：①产品与结构特征：组成复杂（子系统或零部件众多），层级机构多关系复杂，系统非线性特征，组成部分之间耦合性特征，生命周期长；②研究与开发特征：需求不明确逐渐细化，变化与迭代多，用户参与程度高或全程参与，设计与生产交叉进行；③市场特征：产品一般为定制，需求和供应的双头垄断结构，交易不频繁，有限竞争，行业受政府高度管制和调控；④生产特征：个性化单件或小批量生产，涉及供货厂商多，系统集成需要创新；⑤成本方面特征：研发和生产成本高，生产成本不确定性大。

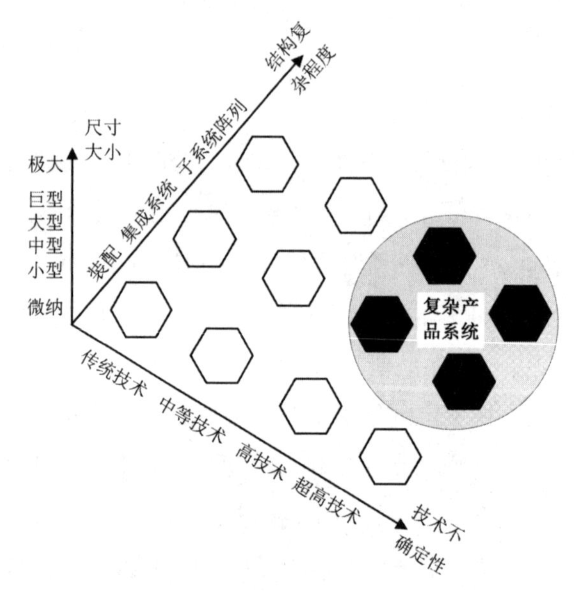

图 1.1　产品分类维度及复杂产品系统

Fig. 1.1 classify dimensionality of product and Complex product system

复杂产品系统虽然产量小，但由于其规模大、单价高、子系统和零部件多、综合程度高，涉及技术种类多、技术含量高，其开发能够直接推动直接相关产业发展，而且技术高速扩散到其他领域，进而带动其他普通大规模制造产品的发展，带来国家竞争力的提升，在现代经济发展中发挥着非常重要的作用。

2. 复杂机械产品概念界定

复杂机械产品（Complex Mechanical Products，CMPs）从多角度进行概念界定：

（1）产品角度：复杂机械产品是机械工程领域的复杂产品，如航空发动机、直升机、喷气式战斗机、高速列车、大型船只、同步粒子加速器、大型桥梁、大型轧制装备、大型旋转机械、大型工程机械等；

（2）系统角度：复杂机械产品是机械工程领域的复杂系统，如柔性制造系统、半导体生产车间、污水处理设施、核电厂、空间站、机场、海洋钻井、制导系统、混合动力系统、数控机床、机器人等；

（3）学科角度：复杂产品系统是光学、机械、电子与电气、流体等多种单元技术集成、多物理过程融合于一体的实现特定功能的多学科集成系统，即光机电（流）一体化系统，涉及机械学、工艺学、材料学、热力学、电气工程、控制工程、电子学、微电子学、计算机技术、光学工程等多学科、多领域，完成高度复杂的多物理过程中，系统及内部各子系统与环境间进行着能量、物质与信息流的多种传递、转换和演变。

3. 复杂机械产品特征

现代复杂机械产品特征有以下几点：

（1）复杂性：复杂机械产品的本质特征，组成系统的子系统之间存在着错综复杂的线性或非线性相互作用、强或弱的耦合作用，系统目标与变量、约束条件之间的关系非常复杂；

（2）多学科与协作性：产品往往具有多项功能和性能要求，涉及多个学科（诸如结构、强度、动力学、运动学、振动稳定性、噪声、摩擦学、热力学、造型美学、人机工程学、电子学、系统控制等）的复杂任务，单靠某一领域的专门知识及设计人员难于完成，而愈加趋向于依靠多个学科专家的协同工作；

（3）耦合性：系统维数高、单元数量大，过程间耦合错综复杂，而且耦合作用随子系统数目增加更为重要，机电耦合、界面耦合、流固耦合等是复杂机械产品的常见耦合；

（4）非显式、非光滑、不连续性：耦合关系隐含在偏微分方程组中导致系统目标、约束条件难以用解析表达式表示，系统目标和约束常常表现为不可微的非光滑特性，以及不连续、多峰值、有噪声的黑箱函数特性。

1.1.3 复杂机械产品研究背景

1. 机械相关学科纵深跟横向发展导致复杂机械产品的必然走向

1860 年蒸汽机问世以后的机械学科发展过程表明复杂机械产品是机械工业发展过程中的必然阶段：20 世纪 60 年代以前，机电产品通常只包括了机械和电气部件；70 年代以来，大规模集成电路、微电子技术、大功率电子元器件和计算机技术带动下产生机械电子单元技术，使得机电产品的发展进入了前所未有的繁荣期；80年代以来所不断出现的新型传感器技术、MEMS技术、各种新型作动器技术以及信息与通信技术，极大地增强了系统的感知和自适应调节能力；通过外围计算机随时对运行系统提供诸如专家系统、知识库的在线支持和指导，以确保复杂机电系统在全生命周期内安全、经济、可靠地运行，从而在更大范围内扩大了复杂机电系统的内涵和外延；21世纪由于工程学科、计算机科学和自然科学的交会所取得的新成就，能够在一定程度上满足人类对于产品性能的完美性和更快、更高、更强、更远的追求，高速列车、大型飞机、载人航天、激光聚变装置等复杂机械产品应运而生。

2. 复杂机械产品越来越多、投入巨大

复杂机械产品虽然数量少，但由于其规模大、单价高，其总产值及占GDP的份额比较高，在现代经济发展中发挥着非常重要的作用，且复杂机械产品的数量和种类越来越多。英国Sussex大学SPRU中心研究人员Miller和Hobday通过调查英国各种产品数据资料认为复杂产品系统至少占GDP的11%，至少提供140万～430万个工作岗位[1-9]。Kash和Rycroft[1-10]研究表明1970年每30件最有价值的世界出口货物中有43%的货物包含了复杂产品技术，而到1996年这一比例达到84%。复杂机械产品的资金、时间和人力投入巨大，浙江大学陈劲等[1-11]对中国复杂产品项目的调研显示，投资主要集中在500万～3000万之间（累计达到69%），平均周期为2年，平均投入技术人员达到200人年。2009年5月29日在美国加州北部的劳伦斯·利弗莫尔国家实验室落成的世界最大的激光器国家点火装置（National Ignition Facility，NIF），从1997年5月破土动工算起建设历时12年，耗资35亿美元；法国的兆焦激光装置（Laser Megajoule，LMJ），1996年开始建设，经费预算17亿美元[1-12]。实际2015年基本建成，耗资30亿欧元。

3. 复杂机械产品失败率高，工程增资和延期时常发生

复杂机械产品制造需要技术创新，而技术创新本身具有高风险和低成功率，美国学者曼斯菲尔德[1-13]研究了美国三大公司，其技术、商业和经济失败率依次是45%、70%和88%。浙江大学陈劲等[1-11]的调研表明中国复杂产品项目失败率

大约为 30%。美国国家点火装置（NIF）是工程增资和延期的典型例子[1-14][1-15]，1993 年 1 月项目启动，1996 年 6 月批准最终详细设计，计划 2002 财年第三季度完成。经费情况：1996 财年首次确定为 11 亿美元，1998 财年修订为 12 亿美元，2001 财年确定总费用 34.48 亿美元（项目经费 22.48 亿美元，运行和维护相关经费 12 亿美元）；建设时间：1996 财年确定为 2002 财年第三季度完成，1998 财年决定延长到 2003 财年第三季度完成，2001 财年最终确定于 2008 财年完成，实际 2009 年 5 月落成。

1.1.4 复杂机械产品研究重要性

1. 当前面临的实际问题迫切需要解决

为满足当前我国制造业现代化与国防工业自主发展，以及国家正在进行和将要启动的一系列重大工程的需要而建设的大量高技术水平、多功能的重大装备如百万千瓦大型发电机组、百万吨级乙烯成套装备、300 千米以上时速的高速列车、大型连轧机组、大型舰船、大型盾构掘进装备、成套 IC 制造装备等过程中面临的系统高度集成化、工作条件极端化与技术精密化导致的实际问题的解决依赖于对复杂机械产品的研究。复杂装备研制既需要研究、掌握和运用多种先进单元技术，更需要将单元技术有效地集成以实现期望的物理过程，从而构建一个结构简约、信息融通、节能驱动、工况极端、精确稳定的功能系统，这个过程所涉及的众多科学规律都需要从基础研究中获得。

复杂装备在运行中出现一系列复杂现象和问题，依据人们现有的知识是无法加以清晰解释和明确回答的，必须找到新的解决办法，如复杂振动几乎是所有高速机械发展的普遍性障碍；近年来高速轧机差不多表演了所有振动形态——发散性振动、微幅颤振、频谱非常复杂的随机振动等，其产生机理各不相同，但是它们都依存于系统的某种工况或耦合状态；众多复杂装备在不为人知的奇异内力作用下异常损伤；高速运动装备的种种扰动和涨落使工作的高精度无法获得。复杂系统和复杂过程的设计与控制更需要科学的指导和有效的手段。

复杂机械系统涌现出的新问题，迫切需要从系统的角度去研究和解决，特别是“融合集成效应”，以融合中所产生的现象和问题为切入点，研究其中的新机理，获得新认识；从融合集成过程中的预期效果与实际差异中研究和发现系统集成的复杂规律，从系统动力行为的奇异性中研究系统集成中的功能保障与突变机制。

已有积累的精密导轨、减速箱、连杆机构的运动学、动力学、摩擦学等基础理论和相关技术是考察那些更加复杂组合现象的基石，但直接研究机床、汽车、发电机组等诸多复杂装备的整机规律已是十分迫切[1-16]。

2. 满足人类文明不断进步的需要

宇宙飞船、载人航天、载人登月等工程展示人类对于自然的探索，同时也体现人类文明的进步。科学技术的进步为人类进一步探索自然提供了技术手段，重登月球、火星探测、大型客机、维纳机器人等工程对当前制造技术提出了更高的要求。

复杂机械产品的极端化、综合化、信息化和绿色化方向发展为满足人类文明不断进步提供保障。高效化、高速化、大型化、微型化、精密化，多功能、高精度的综合和集成，超高压、超高温、高真空度、高能量密度、高位场所等极端环境，低能耗、低污染等都属于极端化的范畴。数字化、网络化、自动化、智能化是信息化的主体。为了解决人类与自然之间出现矛盾现象的产品研究、设计、生产、使用、废物回收全过程中考虑自然环境和资源的合理利用、考虑保护社会环境和生态环境、考虑劳动者和使用者的健康等关于环境问题的绿色化体现不断进步的人类文明。

3. 为未来国际科技竞争奠定必备的基础（带动作用）

当前的复杂装备中大量依靠国外进口，这大大制约着我国经济的发展，而复杂机械产品的非自主开发可以导致创新能力的丧失。在实现工业化的同时形成对于高水平重大装备的自主研发能力，是国家战略发展赋予机械学科的历史重任，也是机械学科自身发展的良好机遇。

在机械学所定义的范畴内，对于共性技术基础的研究较多地关注各类机械（例如，流体机械、电机／发电机、轧制机械、工程机械等）的共性单元技术或部件，而较少涉及这些部件所组成的系统。现代科学的发展，使得过去历史上对于机械、电气、空间工程、化学、土木建筑等的分类和定义越来越模糊。不同学科间交叉融合的重要性也日益突现出来。但是，对于如何将不同门类的科学技术相关部分有机地组织到一起，并由此规划不同学科间交叉融合的有效路径则是每个学科发展所面临的普遍性问题。系统集成的内涵和灵魂就在于寻找和发现集成、融合与演变过程的规律，而技术集成则是构造复杂装备的方法与手段。复杂装备是人类运用已知的十分有限的自然规律按照人的意志所构造的系统。构建复杂机电系统的关键问题之一就在于深度掌握系统集成中的演变规律。针对重大装备的基础研究首先是认识和把握复杂机电系统构成的基本科学规律和方法。

对于复杂机电产品的研究，有助于克服以往传统学科划分的局限性，为机械学科在交叉融合中寻求自身发展提供了极好的契机。同时，对于复杂机电产品的研究，也为从事机械科学研究的专家学者提供了一种研究方法，即在深化理解和认识复杂机电系统产品创成过程中去发现科学与社会的发展对机械科学各个方向提出的需要[27]。

复杂机械产品研究可以为未来国际科技竞争提供必须的人才和学科基础。

1.2　制造系统与复杂机械产品制造

1.2.1　制造系统及其类型

1. 制造

制造（manufacture=manu+factus），made by hand，源于拉丁 manu（用手工）和 facere（制作）。制造为“用体力劳动或机械制作某物体，尤指以大规模的方式运作”[1-17]。几千年来，制造一直是由人们靠手工技艺和体力劳动完成的，200 年前的工业革命开始了机器发挥重要作用的新时代。

中文中的“制造”，人们常常理解为产品的机械工艺过程或机械加工过程。实际上，随着产品生命周期理论的提出，“制造”的概念和内涵大大拓展，1990 年国际生产工程学会（CIRP）定义[1-18]为：制造是一个涉及制造工业中产品设计、物料选择、生产计划、生产过程、质量保证、经营管理、市场销售和服务的一系列相关活动和工作的总称。

20 世纪 70 年代以来，“制造”概念和内涵的变化体现在“范围”和“过程”两个方面[1-19]：范围上制造定义为将资源（包括物料、能源等）通过相应过程转化为可供人们使用和利用的工业品或生活消费品，涉及的领域不局限于机械制造，还包括机械、电子、化工、轻工、食品、军工等国民经济的大量行业；过程方面不是仅指具体的工艺过程，而是包括市场分析、产品设计、生产工艺过程、装配检验、销售服务等产品整个生命周期过程。

为了跟国际接轨同时又保留中文习惯，当前的“制造”范围有两个：一是习惯中的制造概念，指产品的制作过程，如机械加工过程，也称为“小制造”；二是广义的制造概念，包括产品整个生命周期过程，又称为“大制造”。

2. 系统和系统工程

系统[1-20][1-21]是由相互联系、相互作用、相互依赖，具有同一目标，共同的生存条件和运动规律的若干组成部分结合成的具有特定功能的有机整体，而且这个有机整体又是它所从属的一个更大系统的组成部分。元素、环境、结构和功能是系统的基本要素。元素是系统的基本成分，也是系统存在的基础，组成系统的元素可以是单一、不能再分的基本单元，也可以是由其他次一级要素构成能继续细分的集合。环境是系统存在的外部条件，系统和环境之间通常有物质、能量和信息的交换。结构体现系统的组成部分之间相互联系的方式，在系统内部形成一定的结构和秩序。功能表现系统存在的作用与价值，也是系统运作的目的。系统的整体性、关联性、环境适应性、目的性、层次性是系统的一般属性，其中前三者是系统的基本属性，而整体性是系统最基本、最核心的特性，是系统属性最集中的体现。

复杂系统[1-22]是一个由多个简单单元所组成的结构，通过对系统的分量部分（子系统）的了解，不能对系统的性质作出完全的解释，这样的系统称为复杂系统。复杂系统的特征是高阶次、多回路、非线性、多时标、层次性、开放性、突现性、不确定性、不稳定性、不可预测性、病态结构以及秩序与混沌的双重特性等。

系统工程[1-21][1-23][1-24]是用定性和定量相结合的系统思想和方法表达、分析和解释大型复杂系统的问题。系统工程的功能是指导复杂系统的工程（The function of systems engineering is to guide the engineering of complex systems），由此也可定义为系统工程是在代价和世界约束范围内定义、设计、开发、生产和维护一个功能齐全、可靠和可信赖的系统。

3. 制造系统

制造系统至今没有统一定义，尚在发展完善之中，不同学者从不同角度进行定义。英国帕纳比（Parnaby）定义[1-25]为：“制造系统是工艺、机器系统、人、组织结构、信息流、控制系统和计算机的集成组合，其目的在于取得产品制造的经济性和产品性能的国际竞争性。”美国麻省理工学院（MIT）教授 Chryssolouris 于 1992 年定义[1-26]为：“制造系统是人、机器和装备以及料流和信息流的一个组合体。”日本京都大学人见胜人教授于 1994 年[1-27]指出：“制造系统可从三个方面来定义：①制造系统的结构方面：是一个包括人员、生产设施、物料加工设备和其他附属装置等各种硬件的统一整体；②制造系统的转变特性：制造系统可定义为生产要素的转变过程，特别是将原材料以最大生产率转变成为产品；③制造系统的过程方面：制造系统定义为生产的运行过程，包括计划、实施和控制。”1990 年 CIRP 定义[1-18]：制造系统是制造业中形成制造生产（简称生产）的有机整体。在机电工程产业中，制造系统具有设计、生产、发运和销售的一体化功能。

重庆大学刘飞教授等[1-19]对上述几种定义进行综合，从制造系统的结构、功能和过程角度进行定义：制造过程及其所涉及的硬件包括人员、生产设备、材料、能源和各种辅助装置以及有关软件包括制造理论、制造技术（制造工艺和制造方法等）和制造信息等组成的具有特定功能的一个有机整体，称之为制造系统。功能、结构和过程是描述制造系统的三个最为重要的方面：

（1）功能角度：制造系统是一个将制造资源（原木料、能源等）转变为产品或半成品的输入输出系统；

（2）结构角度：制造系统是制造过程所涉及的硬件（包括人员、设备、物料流等）及其相关软件所组成的统一整体；

（3）过程角度：制造系统可看成是制造生产的运行全过程，包括市场分析、产品设计、工艺规划、制造实施、检验出厂、产品销售、回收处理等环节的全过程。

4. 制造系统类型

根据两个分类标准：产品在制造系统中是如何生产的和某种生产策略是如何满足客户需求的，将所有生产作业的制造系统分为五大类[1-28]：项目（project）、车间（job shop）、重复（repetitive）、流水线（line）、连续（continuous），如图 1.2 所示。前四类一般为离散制造，后一类是过程工程、连续制造。离散型制造也可以根据批量分为车间型、批量生产和大规模生产三种类型。

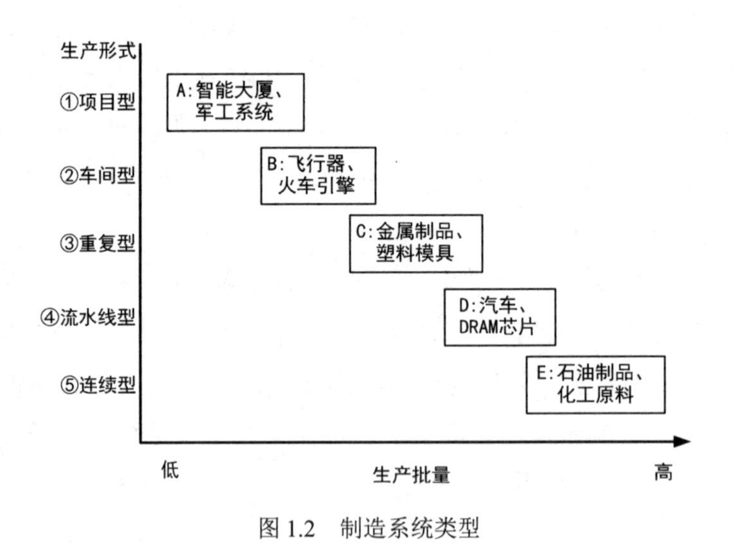

图 1.2 制造系统类型

Fig. 1.2 Type of manufacturing system

（1）项目型：工程类型的显著特征在于其产品的复杂性，有许多的零件，产品种类往往单一。比如建造大型办公楼群，生产炼油设备、远洋轮船和大型飞机。

（2）车间型：车间型的特征在于产品批量和产量较小，即小批量。然而，与工程型产品相比，车间型中零件的尺寸和重量相对较小。

（3）重复型：重复型制造系统具有如下四个显著的特征：①重复型生产的订

单接近 100%；②经常与客户签署长达多年的总括订购单；③批量的变化幅度很大，但订单的规模都适中；④订单中产品的生产流程都是固定不变的。汽车分包商就是这类制造业的代表。

（4）流水线型：流水线型制造系统有三个显著的特征：①客户要求的发货时间（通常称前置时间）往往比产品生产需要的总时间要短；②产品具有多种型号和选择的余地；③通常存在部件的库存。轿车和卡车的制造就是这种生产类型。

（5）连续型：连续型制造系统的生产过程是连续的，当原材料进入到制造系统一端时，成品就会接着从另一端出来，这类制造有以下五个特征：①制造的前置时间要比客户期望的前置时间长；②产品需求是可以预测的；③成品库存有一定总量；④批量很大；⑤产品的种类较少。比如尼龙纱线的生产，汽油和化工产品的生产等。

1.2.2　制造概念体系

产品制造是产品整个生命周期过程中从产品需求分析到产品最终消亡的全过程，包括需求分析、功能设置、物料选择、产品设计、生产计划、生产过程、质量保证、经营管理、市场销售和服务等一系列相关活动和工作。根据制造过程中包括的工作，将整个过程分为市场工程、设计工程、生产工程三个阶段，包括常见的工作内容，如需求分析、功能分析、概念设计、工程设计、工艺设计、机械加工、部件装配等。产品制造概念体系如图 1.3 所示。

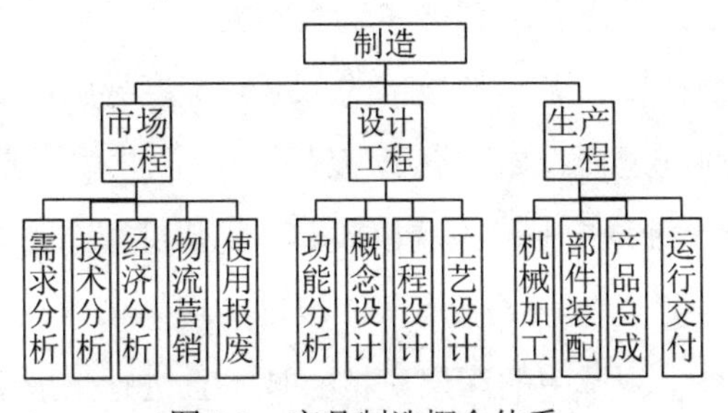

图 1.3　产品制造概念体系

Fig. 1.3 Concept system of product manufacturing

1.3 复杂机械产品制造

1.3.1 复杂机械产品制造特征

创新是复杂机械产品制造的关键特征。对于复杂机械产品制造常用“研制”来表示设计与生产中的创新，将研发、设计与生产两阶段合二为一，复杂机械产品研制的重点在于研究、开发设计和系统集成。

（1）设计开发与生产融合：复杂机械产品制造一般较少存在再生产过程[1-7]，产品的设计和生产往往融合在一起，难以对设计和生产作出明显的区分，整个产品生产完成之后直接单件交付用户，生产的结束意味着项目的成功。

（2）用户参与全过程：复杂机械产品制造过程需要用户的高度介入，从需求分析、任务确定、研发设计、生产调试、运行到更新换代和再创新，将用户需求直接反馈到创新过程中，而不是产品实现、用户使用之后再进行改进[1-29]。一方面由于在产品研制前期用户对自身需求并不清楚，即使明确的需求也并不一定符合实际情况，需要在制造过程中不断深入且在设计与生产中得以体现；另一方面大型复杂机械产品很多时候分解为多个任务包，由不同供应商完成，不同供应商之间的协调与冲突解决要求用户必须直接参与研制过程。

（3）不确定性强、迭代更改多：复杂机械产品制造早期的需求不确定、功能不明确、涉及范围广、技术要求高、实现难度大导致制造过程的不确定性强、产品研制过程迭代和更改多。尤其是技术的广度和深度导致的研制过程不确定性，而且常常主导产品研制过程。如飞机引擎涉及 24 个技术领域的相关知识[1-30]。

（4）单件或者小批量定制，无规模效益：复杂机械产品一般为特定用户以单件/小批量进行定制生产，生产数量有限，很难实现规模效益。制造供应商的核心能力在于掌握众多技术领域中的深层次核心技术且进行集成工作，以及出类拔萃的大型项目管理技巧，这也是复杂机械产品制造商的利润来源[[1-31][1-32]。

（5）研发周期长、成本高：复杂机械产品创新的核心是研究和开发设计，技术的不确定导致研发过程的不确定，而研发周期长也就常见了。复杂机械产品由于产品数量少而无法采用大批量制造中的工艺创新和扩大生产的规模经济效益以及面向工艺的设计等方法降低成本的方式，产品成本相对较高。当然产品设计过程中还是需要注重产品的生产适应性。

1.3.2 理论和方法

复杂机械产品的多角度定义决定了其发展过程的不同方向，即从复杂系统、光机电一体化、复杂产品等角度。

1. 复杂系统理论

复杂机械产品是复杂系统理论在机械工程领域的应用和实践，复杂系统理论的发展能够在复杂机械产品中得以体现。复杂系统源于复杂性的研究，1928年贝塔朗菲（L. Bertalanffy）在《生物有机体系统》论文中首次提出“复杂性”问题，随后维纳（N. Wener）、普里高津（L. Prigogine）、艾根（M. Eigen）、哈肯（H. Haken）等对系统进行了研究，20世纪80年代，汇集不同领域学者的美国圣塔菲研究所（Santa Fe Institute，SFI）以复杂性理论方面的研究著称于世[1-33]，1999年4月，Science出版了Complex System专刊。

20世纪80年代开始，中国科学家钱学森就大力倡导系统科学和复杂性研究，认为复杂性是开放复杂巨系统的动力学特性[1-34]，90年代末，国内学者越来越多地重视与关注复杂系统研究。1999年3月，在北京香山以“复杂性科学”为题召开科学会议，以促进复杂系统研究工作的开展。“九五”“十五”期间自然科学基金、攀登计划等进行了复杂性相关项目的资助。

2. 光机电一体化产品

复杂机电系统是基于学科的复杂机电产品。国际机械学科领域对复杂机电系统的研究是从机电一体化切入的，美国橡树岭国家实验室的高能电子及电气机械研究所、MIT的d’Arbeloff实验室、英国剑桥大学、德国Duisburg大学等都对复杂机电系统进行研究；美国的DARPA战略研究计划和IHPTET计划、瑞士、荷兰、芬兰等国家支持对于复杂机电系统的基础研究及应用研究。美国机械工程学会1996年召开国际会议，重点讨论包括复杂机电系统的设计理论与方法、系统设计自动化、计算机辅助工程等相关主题。20世纪90年代以来，针对复杂机电系统出版了大量专著，包括对机电系统理论基础、单元技术及机电系统设计方法等内容。

我国在复杂机电系统基础研究和装备技术方面积累了一定的经验，但多数是面对具体的产品如大型轧制装备、大型旋转机械、大型工程机械、混合动力系统、数控机床、MEMS系统和机器人等，基础研究包括复杂机电系统的多过程耦合与集成理论、复杂机电系统动力学、复杂机电系统故障诊断和检测方法与理论等，研究和实践水平与发达国家相比差距较大，对复杂机电系统的认识，多停留在机电一体化或机电光一体化的理解上[1-16]。

我国工程界和学术界对于复杂机电系统缺乏系统层面的研究和思考，近年来有关复杂系统非线性、混油、分岔和奇怪吸引子等现象的研究成果多数出自力学和机电系统领域的研究，对于系统集成的研究，较多地注意了技术集成，而对多物理过程融合中的协同与冲突的研究重视不够，甚至放弃了系统层面的设计。我国的研究基金等相关项目局限于系统中的某一类问题，而从系统的角度全面研究复杂机电系统的特征与规律的工作仍十分缺乏。

3. 复杂产品系统

复杂机械产品是复杂产品系统的一种，而且是最常见的研究对象。复杂产品系统是英国科技政策研究所（SPRU University of Sussex）等研究机构提出的研究新方向。当前对于复杂产品系统的研究内容主要包括：复杂产品系统的定义和内涵、复杂产品系统的范围与对象、复杂产品系统产品特征及与其他各类产品比较、复杂产品系统组织与管理等。

复杂产品系统的定义来自多个角度，Hobday、Hansen和Rush基于大量实例提出了描述性定义[1-6][1-7]，Prencipe通过比较其与简单产品和大批量产品的差别提出比较性定义[1-8]，Gershenson等从资本与技术综合性两个方面进行定义[1-35]，陈劲等从产品系统自身的物理结构特性出发提出从产品内嵌技术的深度和宽度两个维度来划分产品系统范畴[1-36]。

复杂产品系统组织和管理是研究的重点，Davies 研究了复杂产品系统创新的复杂性的来源跟表现方式贯穿产品制造的全过程[1-37]。用户需求对系统研制的影响决定了复杂产品系统不能采用传统的客户需求反馈方式，用户需求能够直接反馈到创新过程中，从而直接决定产品创新[1-7][1-9][1-10]。

复杂产品系统创新过程中，子系统及部件间的相互联系十分重要，对各子系统和部件的理解程度和对其进行集成整合的能力决定项目实施的成功与否[1-38]，由此可见，复杂产品系统创新过程中，系统集成商、用户和其相关机构必须在产品的研发前就产品的创新路径达成一致[1-9][1-39]。Hansen 和 Rush 认为复杂产品系统创新过程中的大量信息的传递和共享不能通过传统方式有效解决，需要新办法[1-7]。

协同背景下的有效的利益分配机制和行为约束机制跟信息交流一样重要，协调和沟通成为复杂产品系统创新管理的难点和关键因素[1-39]。复杂产品系统创新过程中，市场机制已经部分失灵，政府行政行为以及社会道德约束是调节用户和研发生产者关系的主要力量[1-9]。

复杂产品系统研究从不同角度进行了探索，但总体而言学术上尚未形成完整的理论体系：在研究领域上，基本局限在管理角度及其创新方面，缺乏从技术创新角度的研究；在研究深度上，主要还是案例研究和定性研究层次，个案总结的内容比较多，缺乏理论阐述论证的研究；在研究手段上，主要采用调查和分类的方法，缺乏定量研究；在研究的发展上，静态研究比较多，动态研究少；应用方面，简单的综合研究难以应用，基于行业分析的产业特性或开展国际比较研究才能更好地进行相关服务。

1.3.3　分解是复杂机械产品制造常用方法

复杂系统的大型化复杂化方向发展，系统分析、建模和工作量规模显著增加，不易处理，按照子系统进行分解是解决复杂系统问题的主要途径，这就是常用的分解-协调方法。通过分解-协调方法把复杂的系统分解为若干个相联系的、相对比较简单的子系统，简化系统设计和分析。根据需要各子系统还可再分解为更小的子系统，依次逐级分解，直到进行适宜的设计和分析为止[1-40]。

如何将所研究的系统按不同层次或阶段，以至逐个地把组成系统的要素或子系统区分开来进行分析，使复杂的系统整体，变换成许多简单的小系统，这就是系统的分解问题。复杂系统可分成若干部分或层次，可以是平面分解，也可以是分级分解，或是兼有二者的组合分解。系统分解的依据有系统目标、关联性、空间结构、控制和管理的方式等，时间过程系统分解成若干阶段也是常见的处理问题的方法。

1. 复杂系统分解类型

复杂系统的分解类型可以分为以下几种[1-41]：

（1）按系统总目标或总任务进行分解：将整体系统的功能目标划分为若干部分的分功能目标或任务，是系统分解的重要方法，有利于表现出不同的系统属性和功能特点。

（2）按系统模型的关联性进行分解：借助于系统模型的关联性对系统分解。在建立系统框图基础上，用图示方法或图表方法反映各子目标的相互关系，然后建立反映各子目标的函数关系定量描述的数学模型，再将属性模型转换为计算机语言以便进行分析计算。

（3）按空间结构关系进行分解：系统分解的最常见方法，是将系统按空间关系划分为若干相互关联的子系统，同一层次的子系统属平行关系，但是这种分解不能反映系统间逻辑关系。

（4）按系统控制和管理过程进行分解：把控制问题变换成一族控制的子问题，然后采取不同方法加以解决，系统控制的分解程序有三类：①基于系统结构的分解，也就是按系统的物理性能或操作状态划分的子系统；②基于控制层次的分解，也就是按系统影响的大小来划分层次；③基于控制性质的分解，对不同性质的系统应有不同的控制方法，以此来进行系统的分解。

2. 系统分解注意事项

系统分解时需要谨慎地、突出地关注系统的整体性和相关性，并把容易综合以获得最优的整体方案作为首要条件。系统的分解既可从在建立数学模型便于计算的过程中进行，也可从变量管理等角度进行分解。所以，系统的分解不是一个单纯的理论问题或数学问题。从理论上讲系统的分解可以有很多的分解方案，而实际可行的分解方案则总受到天时、地利、人和以及工程中任务性质、物理过程、运行方式、工艺与工艺特点等具体条件的限制，不存在唯一的分解模式。只有科学合理的分解方案和各种分解方法的恰当运用，才能更有利于系统的协调控制和管理。

系统分解本身也是一个复杂的过程，复杂系统分解时应注意[1-42]：

（1）分解数和层次应适宜：分解数太少，子系统仍很复杂，不便于子系统的求解和优化等设计工作；分解数和层次太多，又会给总体系统集成造成困难。

（2）避免过于复杂的分界面：对那些联系紧密的要素不宜分解开，即分解的界面应尽可能选择在要素间结合枝数（联系数）较少和作用较弱的地方。

（3）保持能量流、物料流和信息流的合理流动途径：通常机械系统工作时都存在着能量、物料和信息三种转换，它们从系统输入到系统输出的过程中，按一定的方向和途径流动，既不可中断阻塞，也不可造成干涉或紊流，即便分解成各子系统，它们的流动途径仍应明确和畅通。

（4）了解系统分解与功能分解的关联及不同：系统分解时，各子系统仍然是一个系统，它把具有比较紧密结合关系的要素集合在一起，其结构组成虽稍为简单，但其功能往往还有多项。而功能分解时，是按功能体系进行逐级分解，直至不能再分解为止。

1.3.4 复杂机械产品制造亟待解决的关键问题

分解-协调方式是复杂机械产品制造的常用方式，不同的分解方式会有不同效果。复杂机械产品制造当前面临的亟待解决的关键问题主要表现在设计过程中的方法和支撑技术，具体而言分为以下四个方面：

（1）不同原因引起的复杂性及不确定性高度糅合：复杂机械产品制造过程中的复杂性和不确定性的原因来自层次性、耦合性、多学科属性等多个方面，当前的制造模式并没有区分其来源，由此导致高度的复杂性和不确定性。一般而言，零部件层次和级别越低，子系统越简单，但分解-集成复杂性越复杂、越不确定。耦合性是复杂机械产品复杂性和不确定性的主要来源，通过解耦降低耦合程度从而大幅度降低复杂性和不确定性，在不同层次耦合也影响复杂机械产品的复杂性和不确定性。

（2）分解的无序性：机械产品是一个相对完整的系统，可以从多个角度进行分解。常用的按产品结构和组成将其分为若干部件（机构）和零件的分解方法会导致系统比较松散，带来集成的复杂性；基于系统功能分析的方法，将机械产品总功能分解为比较简单的分功能，明确分功能的输入输出关系基础上进行分功能原理求解进而进行功能集成，但是对于复杂机械系统实现过程中存在运算量大、集成困难的问题，由此迫切需要新的分解依据减少实现过程中的运算量和降低集成复杂性。

（3）分解的无目的性（终止条件缺乏依据和规则）：从功能分解与重组角度的自顶向下的制造，功能分解的停止时机是关键，即功能分解的粒度确定问题：功能分解粒度过细，会导致由功能到结构映射计算非常庞大以及创新性程度不够；粒度过粗，可能会失去很多具有创造性的解，有时甚至出现无解的情况。现有的观点“分解到已有部件、过程、子系统的功能抽象的支持功能（supported function）时分解应该停止”“最佳的功能粒度应该是能够实现功能到结构形式的对应”并没有明确的依据[1-43][1-44]。

（4）缺乏系统的技术支撑体系：设计是复杂机械产品制造过程中决定性的环境，设计决定了生产，而我国设计方法学虽然取得了不少成绩，但从全局而言还是远远落后于发达国家，主要原因是：①缺少能指导整个设计过程的基本原则和方法体系；②缺乏各种创新设计方法的集成手段和平台。近 20 年来，我国在系统设计方法、可靠性设计、优化设计、有限元分析、绿色设计、创新设计等现代设计方法研究和应用上取得了一定成果，但我国当前的设计方法总体而言是基于经验的类比法、安全系数法，以强度、刚度、稳定性、润滑性能为基本设计准则，本质上是静态的、条件性的和近似的，而且设计基础数据不全，设计规范和设计手册陈旧落后，设计一次成功率远远低于先进工业国家（90%以上）；CAD 技术的使用基本停留在绘图表达阶段（二维和三维表达），较少进行分析和优化，更是缺乏系统化的优化设计。

1.4 研究内容及结构

复杂机械产品不同组成部分之间存在耦合关系，某部分发生变化，与之耦合的相关的部分也会发生变化，而且这种变化又会影响原来的部分，由此可见耦合是复杂性的主要来源；而分解的角度和分解终止的时机的不同，分解结果就不同，总体集成也就不一样，由此可见分解-集成是不确定性的主要来源。简化耦合和简化分解-集成减少复杂性和不确定性，有利于复杂机械产品制造的实现。要克服传统的基于零部件或基于功能的系统分析技术法的弊端，必然需要新的更优的制造模式和技术体系。

模块化是将复杂系统或过程按照一定的联系规则分解成相对简单的可进行独立设计的半自律性的子系统模块或功能独立模块，以有效管理复杂任务、产品和流程的方法。本文基于模块化思想，提出面向产品全生命周期的模块化集成制造模式实现复杂机械产品制造，以模块为界将制造过程中需要满足功能、性能、结构、尺寸等要求分别用模块外部参数和模块内部参数来表示，并在不同阶段分段求解，以降低求解过程中的复杂性和不确定性，从而实现复杂机械产品制造。建立复杂产品系统模块化集成制造框架和模块化过程，系统论述模块化集成制造中模块化分解、模块求解和建模、模块集成等关键问题，研究模块化集成制造模式的过程建模和支撑技术[1-45]。具体而言，主要内容如下：

第 1 章为绪论，重点论述研究背景与我国复杂机械产品现状与存在的问题，提出所要研究的问题进行相关概念的界定和说明并构建概念体系，阐述本文的研究内容和章节安排。

第 2 章提出模块化集成制造模式，建立模块化集成制造框架体系。综述模块化研究成果，主要是模块化设计及应用；从产品全生命周期角度综合考虑复杂机械产品制造，提出模块化集成制造框架体系和关键技术，模块划分与接口、模块理论和物理求解，即模块设计与生产、模块集成与系统建模、模块管理与应用等模块化集成制造关键问题；新模式下的模块的参数化定义，根据模块参数进行模块分类及模块操作；讨论包括与模块化设计的区别、对产品制造过程的影响、对产品设计的影响、巨大的经济与社会效益等模块化集成制造的影响，为本文奠定理论基础。

第 3 章在需求分析基础上，明确系统模块化分解的对象是功能和约束，提出功能体系分解的四种方法：功能元集合法和流图通路法是基于功能元的模块化分解方法，实现满足功能独立原则的层次型系统的模块化分解；基于 DSM 的聚类分解方法，实现存在功能依存关系和功能耦合关系系统的模块化分解；基于灵敏度的模块化分解方法是参数化方法，处理复杂耦合系统效果显著。

第 4 章论述模块的设计和生产即模块理论与物理求解，以虚拟模块方式实现求解中的模块化。对设计图纸和报告的内容进一步分解，以虚拟模块方式实现图纸与报告模块化，分析设计零件图和装配图的虚拟模块组成，设计报告的虚拟模块组成。研究生产目标与设计的关系，主要是质量、成本和交货期的优化。

第 5 章为复杂机械产品不能采用传统的装配总成方式，模块集成是结构、信息及资源的综合。集成不仅包括结构上的装配，同时包括信息、资源、环境、设备、人员及时间等要求的综合。集成的两个阶段和集成基础。集成序列规划和集成路径规划。集成资源规划的集成时间、集成信息和集成支撑资源三个方面。支持各类资源集成的平台的重要性。

第 6 章论述产品制造的过程特征，多领域映射的过程中域内处理和域间映射的处理。DSM 和 DMM 矩阵描述手段及其计算方法和应用。映射中数据一致性的重要性。模块化集成制造对过程的影响及其表现方式，现代设计方法对模块化设计过程的支撑情况。

按照章节顺序关系如图 1.4 所示。

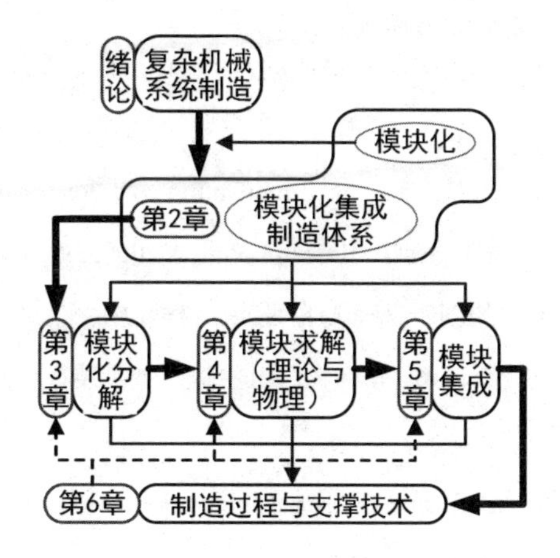

图 1.4 文章章节结构图

Fig. 1.4 Structure of the dissertation

参考文献

[1-1] 孙桓, 陈作模. 机械原理[M]. 第 7 版. 北京: 高等教育出版社, 2006.

[1-2] [德]Koller R. 机械设计方法学[M]. 党志梁, 田世亭, 唐静, 等译. 北京: 科学出版社, 1990.

[1-3] [日]三浦宏文主编. 机电一体化实用手册[M]. 杨晓辉译. 北京: 科学出版社, 2007.

[1-4] 徐元昌. 机械电子技术[M]. 上海: 同济大学出版社, 1995.

[1-5] 罗庆生，等. 光机电一体化系统常用机构[M]. 北京: 机械工业出版社, 2009.

[1-6] Hobday Mike. Product complexity, innovation and industrial organization. Research policy, 1998, 26(6):689-710.

[1-7] Hansen Karen Lee, Rush Howard. Hotspots in complex product system: emerging issues in innovation management. Technovation, 1998, 18(8-9): 555-561.

[1-8] Prencipe A. Breadth and depth of technological capabilities in CoPS: The case of the aircraft engine control system [J]. Research Policy, 2000,29(7-8):895-911.

[1-9] Miller R., Hobday M., Leroux-Demers T., et al. Innovation in complex systems

industries: the case of flight simulation[J]. Industrial and Corporate Change, 1995, 4(2): 363-400

[1-10] Kash D.E., Rycroft R.W. Patterns of Innovating complex technologies: A framework for adaptive network strategies[J]. Research Policy, 2000, 29(7-8):819-831.

[1-11] 陈劲. 复杂产品系统创新管理[M]. 北京: 科学出版社, 2007.

[1-12] 李梦奇, 谢志江, 徐新来, 等. 神光-III主机装置下装模块安装流程设计[GF]. 重庆: 重庆大学, 2008.

[1-13] Mansfield E. Academic and industrial innovation: An update of empirical findings[J]. Research Policy, 1998, (26):773-776.

[1-14] 晓晨. “国家点火装置”建造简况[J]. 激光与光电子学进展, 2002, 39(04):1-7.

[1-15] 滕晓丽, 薛慧彬. “国家点火装置”的建造经费和时间表[J]. 激光与光电子学进展, 2005, 42(07):26-30.

[1-16] 国家自然科学基金委员会工程与材料科学部. 机械与机械与制造科学[M]. 北京: 科学出版社, 2006.

[1-17] Paul Kenneth Wright. 21st Century Manufacturing[M].Beijing:Tsinghua University Press, 2002.

[1-18] CIRP. Nomenclature and definitions for manufacturing systems, English language version, Chisholm, A.W.J.ed., Annals of the CIRP, 1990, (39): 735-742.

[1-19] 刘飞, 张晓冬, 杨丹. 制造系统工程[M]. 第2版. 北京: 国防工业出版社, 2002.

[1-20] 汪应洛主编. 系统工程学[M]. 第3版. 北京: 高等教育出版社, 2007.

[1-21] 汪应洛主编. 系统工程[M]. 第3版. 北京: 高等教育出版社, 2005.

[1-22] 陈森发编著. 复杂系统建模理论与方法[M]. 南京: 东南大学出版社, 2005.

[1-23] Kossiakoff Alexander, Sweet William N. Systems Engineering Principles and Practice(Wiley Series in Systems Engineering and Management)[M]. John Wiley & Sons. Inc., 2003.

[1-24] Sage Andrew P. Armstrong Jr. James E. Introduction to Systems Engineering(Wiley Series in Systems Engineering and Management)[M]. John Wiley & Sons. Inc., 2000.

[1-25] Parnaby, J. Concept of a Manufacturing System[J]. International Journal of Production Research 1979, 17(2):123-135.

[1-26] Chryssolouris G. Manufacturing Systems: Theory and Practice. New York: Springer -Verlag, 1992.

[1-27] Hitomi K. Manufacturing Systems: Past, Present and for the Future[J]. International Journal of Manufacturing System Design, 1994,1(1):1-17.

[1-28] Rehg James A., Kraebber Henry W. Computer- integrated manufacturing(3rd Edition)[M]. Beijing: China Machine Press, 2004.

[1-29] Davies A, Brady T. Polices for a complex product systems[J].Futures,1998,30(4): 293-304.

[1-30] Prencipe A. Breadth and depth of technological capabilities in CoPS: The case of the aircraft engine control system[J]. Research Policy, 2000, 29:895-911.

[1-31] Tatikonda M., Rosenthal S.R. Technology novelty, project complexity, and product development project execution success: a deeper look at task uncertainty in product innovation[J]. IEEE Transaction on Engineering Management, 2000, 47(1):74-87.

[1-32] Shannon W., Anderson D.C., Karen L.Sedatole, Sourcing parts of complex products: evidence on transactions costs, high-powered incentives and ex-post opportunism[J]. Accounting, Organizations and Society, 2000, 25:723-749.

[1-33] 王正中. 关于复杂性研究——编者的话. 系统仿真学报, 2002, 14(11).

[1-34] 戴汝为. 系统科学及系统复杂性研究[J]. 系统仿真学报, 2002, 14(11):1411-1416.

[1-35] Gershenson J.K., Prasad G.J., Zhang Y. Product modularity: definitions and benefits[J]. Journal of Engineering Design, 2003, 14(3):295-313.

[1-36] 陈劲, 周永庆. 复杂产品系统创新的过程模式案例研究[J]. 经济管理, 2004,(14):1-4.

[1-37] Davies A. Competitive Complex Product Systems: the Case of Mobile Communications[J]. IPTS Report, 1997, 19:26-31.

[1-38] Henderson R.M., Clark K.B. Architectural innovation: The reconfiguration of existing

product technologies and the failure of established firms[J]. Administrative Science Quarterly, 1990, 35(1):9-30.

[1-39] Kash D.E., Rycroft R.W. Emerging patterns of complex technological innovation[J]. Technological Forecasting and Social Change, 2002, 69(6):581-606.

[1-40] 钟掘. 复杂机电系统耦合设计理论与方法[M]. 北京:机械工业出版社, 2007.

[1-41] 邹慧君. 机械系统设计原理[M]. 北京: 科学出版社, 2003.

[1-42] 朱龙根. 机械系统设计[M]. 北京: 机械工业出版社, 2001.

[1-43] Struges R. H., et al. A systematic Approach to Conceptual Design[J]. Concurrent Engineering: Research and Application, 1993,(1):93-105.

[1-44] 谢进, 陈泳. 概念设计及功能“粒化”问题[J]. 机械设计,1998,(3):45-46.

[1-45] Li Mengqi;Li Dongying.Theory and Application of Modular Manufacturing for Complex Product System[J]. Advanced Materials Research, 2011, 156/157:1513-1517.

第 2 章　模块化集成制造体系

2.1　模块化设计及应用

2.1.1　模块和模块化

1．模块

模块（modular）的概念最早于 20 世纪 30 年代出现于工程学中，是指可以组合和更换的标准单元硬件（或结构块）或软件[2-1]，并在工业领域得以应用。其后，开始扩展到神经科学、心理学、社会学等领域，而在十几年前引入经济学和管理学领域，得到广泛应用[2-2]。

模块是模块化产品的基本组成单元，不同的人对模块有自己的认识，当前还没有大家认可的统一的模块定义，很多学者对模块进行了界定：

MIT 的 Ulrich 教授[2-3]认为模块是“将功能结构中的功能要素与实际产品中的物理要素一一对应，并对要素间的非成对界面（decoupled interface）做详细说明”。

哈佛大学 Baldwin Carliss Y.教授和 Clark Kim B.教授认为建立在功能之上模块定义是多面的、不稳定的，在文献[2-4]的基础上进行定义，模块是一个单元，其结构要素紧密地联系在一起，而与其他单元中要素的联系相对较弱。这种不同的关联度导致了不同的模块化等级[2-5]。

斯坦福大学青木昌彦教授等定义：模块是指半自律性的子系统，通过和其他同样的子系统按照一定规则相互联系而构成的更加复杂的系统或过程[2-6]。

中国学者童时中认为：所谓模块，就是可组合成系统的、具有某种特定功能和接口结构的、典型的通用独立单元[2-7]。

不同学者定义模块的角度虽然不同，但是其出发点主要在功能和结构两个方面，功能和结构是模块的两大基本要素。

2. 模块化

模块是大系统的组成单元，模块化就是通过模块形成产品，但是描述仍然有不同。使用模块的概念对产品或者系统进行规划和组织是模块化的常见解释，从过程角度进行定义也很常见：模块化是一个将复杂系统进行分解（decomposition）和整合（recomposition）的动态过程[2-8]；通过模块分解与整合，把复杂系统分解为相对独立的部分，再通过标准接口把各个独立的部分连接为一个完整的系统[2-5][2-9]；青木昌彦认为模块化是系统的组成相互整合或分解的过程，其中的分解过程叫“模块分解化”，整合过程叫“模块集中化”。模块化包括模块分解化和模块集中化两个过程：模块分解化是指一个复杂的系统或过程按照一定的联系规则分解为独立设计的半自律的子系统的行为；模块集中化是指按照某种联系规则将可进行独立设计的子系统（模块）统一起来，构成更加复杂的系统或过程的行为[2-7]。

为了避免概念的绝对化而导致的定义及界限的争论，工程学领域尤其是机械工程领域习惯性地将模块化分成狭义和广义两个方面。狭义模块化和广义模块化的区别在于概念的内涵和外延，概念反映的对象的固有属性是概念内涵，概念反映的固有属性的对象属于外延。当模块不再局限于工程学，同时成为社会学、经济学广泛应用的名词的时候，区分是否有特定对象的狭义模块化和广义模块化已经没有必要，由此，模块化不仅包括产品模块化，而且包括层次上的模块化，应用领域方面的模块化和方法论上的模块化，而这些都是传统意义上的广义模块化。复杂系统或过程只要能够通过模块的方式形成，都属于模块化的范畴。

产品模块化仍旧是模块化中最为经典的部分，Ulrich[2-10]认为产品模块化与设计过程的两个特点紧密相关：①设计中功能域与物理结构域之间的映射或相似程度影响模块化的程度；②产品物理结构间相互影响程度的最小化。可以知道在产品功能分解树与结构分解树之间建立合理映射并保证结构树组成元素之间的相互影响最小是模块化设计的基本要求。以此定义了三种模块化类型：部件互换模块化、部件共享模块化和总线模块化，这三种方式描述了模块化产品中模块的基本组合方式。这些不同的模块组合方式，是形成不同类型产品系列的基础。

3. 模块分类

按照一定的性质或特征，将对象分成若干小类，可以对对象概念外延的理解条理化、系统化，而不必一个个穷举对象。正确的分类应该做到类别是在同一个分类依据下完成的，分类的结果子类包括所有要分的对象，且不能互相重叠。

根据分类标准的不同，分类结果不同。常见的分类是从工程学角度进行的，有[2-7][2-11]：按照模块化的表现形式分为硬件模块和软件模块；按照模块互换性特征分为功能模块、结构模块和单元模块；按模块在系统中的层次分为一级模块、二级模块、三级模块……；按照功能属性分为基本模块、辅助模块、特殊模块和适应模块；按模块与工序之间的关系分为物理模块、处理模块和价值模块；按照模块有无某种属性的二分法原则分类，则可以分成通用模块与专用模块、基型模块与改型模块、主体模块与非主体模块三个组别。

Otto 和 Wood[2-12]将模块分为两个大类：功能模块（基于功能的模块）和生产模块（基于生产加工的模块）。功能模块是根据功能进行产品子功能划分，然后用形式关系来表达各子功能；生产模块主要考虑实际加工制造过程中的技术环节，将零件根据加工要求合成在一起，形成所谓的生产模块，实际上是零件装配体模块。

Ulrich 和 Eppinger[2-13]将离散产品模块化的基本结构分为三种：槽型、总线型、部分型，每种类型均体现出功能单元、组件和接口规则之间的一一映射，不同之处在于组件间接口的组织形式。槽型模块结构中组件间的每个接口都与其他接口类型不同，产品中的不同组件不能互换；总线型模块结构中有一个通用的总线，其他组件通过同样类型的接口连接到总线上；部分型模块结构中，所有的接口都是同种类型的，但是没有一个所有组件都连接到其上的元件，通过将组件以同样的接口互相连接来完成组装。

Pine[2-14]从类型学的角度，拓展了 Ulrich 的模块化类型，通过对离散制造业、流程行业、服务业的模块化研究，分析了面向产品和服务的模块化的五种类型，即共享构件模块化、互换构件模块化、“量体裁衣”模块化、总线模块化、可组合模块化。共享构件模块化，同一构件被用于多个产品以实现范围经济；互换构件模块化是对共享构件模块化的补充，不同的构件与相同的基本产品进行组合，形成与互换构件一样多的产品；“量体裁衣”模块化与前两种类似，只不过一个或多个构件在预置或实际限制中是不断变化的；总线模块化采用可以附加大量不同种构件的标准结构；可组合模块化可以提供最大程度的多样化和定制化，允许任何数量的不同构件类型按任何方式进行配置，只要每一构件与另一构件以标准接口进行连接。

4. 模块特征

模块是一组具有相同功能的连接要素，但有不同用途（或性能）和结构，能够互换的单元。模块是组成模块化系统的基本单元，可以是由一个零件组成的，也可能是一个组件或部件。一个产品应分成几个模块及模块中应包括哪些零件等问题均是在模块化中很重要的问题。要成为模块必须具备四个条件[2-15]：

（1）独立的功能：每个模块都具有自己的功能，该功能是总功能的组成部分，可以单独进行调试；

（2）连接要素：模块与模块的组合不是简单叠加，而是通过一定的连接形式来进行，模块的连接形式要通用，应是标准化的；

（3）互换性：模块具有互换性便于模块组合，模块互换性包括连接要素的互换性，更重要的是不同类别模块之间也需要具备一定的互换性；

（4）一组用途不同、结构不同的基本单元：单一没有选择余地，因此特别强调的是一组，有选择地经不同的组合后达到不同的功能要求以适应不同的需要，一组主要体现在用途和结构上的区别，而不仅仅是大小上的区别。

2.1.2 模块化设计

模块化设计是在对一定范围内的不同功能或相同功能不同性能、不同规格的产品进行功能分析的基础上，划分并设计出一系列功能模块，通过模块的选择和组合可以构成不同的产品，以满足市场不同需求的设计方法。

Pahl[2-16]将产品设计过程分为：明确任务、概念设计、技术设计和施工设计四个阶段。童时中[2-7]提出开展模块化设计的一般思路，认为模块化设计要依次按三个层次进行：①系统分析阶段（市场分析、产品系列型谱拟定）；②模块化产品设计（系统应用阶段）；③模块选择、模块综合、模块系统设计（详细设计阶段）[2-17]。

设计是用户需求域、功能域、结构域的映射过程，美国 MIT 机械工程系 Suh 教授[2-18]从功能-设计参数映射的角度定义了模块化设计：模块化设计是一种分析结果的产生，以产品、过程和系统的形式表现，并满足预定的需求，其方法是选择适当的设计参数，完成从功能需求域到设计参数域的映射。德国 Pahl 等[2-19]认为模块化设计是完成从功能需求域到模块功能域的映射，然后在考虑模块性能（如尺寸、重量等）基础上完成从模块功能域到模块结构域的映射，并按照模块功能的不同，在模块功能域和结构域进行了相应的模块分类定义。Ulrich 等[2-3][2-10]从设计学角度指出了功能域与物理结构域之间的对应程度、产品物理结构间相互影响程度是影响模块化设计的基本因素，并定义了三种模块化类型：部件互换模块化、部件共享模块化和总线模块化。这三种方式描述了模块化产品中模块的基本组合方式。这些不同的模块组合方式，则是形成不同类型产品系列的基础。

功能分析分解是模块化的基础。从子功能之间的功能相关、装配相关、信息相关、空间相关的角度对功能进行分类划分，Erixon 等[2-20]提出功能为独立模块的 11 个条件，并以此作为模块划分的通用原则，建立模块识别矩阵（MIM），然后对各功能载体进行聚类分析。Stone 等[2-21]提出了一种用于产品架构开发的功能模型定量化建模方法，将模型中各个功能与能量流、物流和信号流相关联，以客户需求程度为衡量尺度，建立需求、功能数据库，并将功能与需求的关系定量化，以此作为模块划分与模块发展的主要依据。通过分析组成产品的各零部件（功能）之间在材料、能量、信息、空间等各方面的相互作用程度，确定模块的划分，文献[2-22]提出通过交互影响矩阵来完成。文献[2-23]通过分析产品零件间某种交互作用的频率来确定模块的划分，主要关注于模块划分的客观技术方面。文献[2-24]提出技术与经济因素在模块划分中均扮演重要角色，文献[2-25]提出了一种综合考虑 MIM 与相关度的划分方法。为了在模块划分中综合考虑市场、生产和技术因素，文献[2-26]提出了一种三维关系矩阵的构造方法。为了在模块划分中考虑通用性和可重用性，文献[2-27]提出了可重用性矩阵。为了优化模块变型的数目，文献[2-28]引入了鲁棒设计。GU 等[2-29]提出了一种面向产品生命周期工程多目标（易于回收性、可升级、可重复用、重构等）的模块划分方法，在进行功能结构分析时使用模糊数学中权重的概念，为模块划分从定性转向定量提供了依据。

在模块组合技术的研究方面，苏联学者证明[2-30]，模块组合时，对所有可能的组合方案进行简单枚举是不可行的，他们使用有向图来表示机床的布局结构，用图的顶点表示模块，顶点之间的边连接表示模块之间的装配关系，通过对子图上始点与终点间路径的分析确定可能的组合。模块接口的匹配是模块组合的重要条件，Hillstron[2-31]结合公理化设计原理和传统的 DFMA（面向装配和制造的设计）方法进行了模块化设计的接口分析。Tsai 等[2-32]从并行工程的角度出发，在考虑设计、加工和装配复杂性的情况下，将功能按其在设计过程中的接口关系划分为不同类型的模块，并从中选出最优模块，然后根据模块中信息，排定模块中各个功能的优先权，作为规划设计的依据。O'Grady 等[2-33][2-34]研究了分布协同的网络设计环境下模块的组合方法，通过面向对象的模块化产品设计环境，可以将不同地区、不同模块制造商提供的模块快速组合成满足用户需求的模块化产品。He David W.[2-35][2-36]针对模块化产品的特点，提出了装配系统的设计方法。

2.1.3 模块化应用

模块化的应用可以追溯到古代，我国古代建筑用砖（秦朝统一度量衡，约公元前 210 年）基本相同，其长：宽：厚为 4：2：1，砖的大小有 1#、2#、3#；300 年前欧洲城砖的长：宽：高为 6：3：2，都体现了原始的模块化思想。我国北宋时代毕昇发明的活字印刷术（1041－1048），是古代模块化应用的典范。

产品模块化开始于 20 世纪初，1900 年德国出现基于模块化的“理想书架”，将书架划分为底座、架体和顶板三种模块，架体有长度相同而宽度和高度不同的几种可选类型，可以由用户根据自己要求选择合适的架体组成“理想书架”。此后，这种思想逐渐为其他行业，特别是机床制造业所采用。1920 年左右，欧洲和美国的一些厂家将模块化思想应用于铣床和车床等机床的机械系统设计中。德国的弗里茨-维尔纳公司提供基于功能的可供用户选择进行组合的铣床；联合车床制造厂把车床的主轴箱设计成模块化系统，通过选择和搭配 63 个不同的齿轮组合成 60 种不同的传动系统可用于丝杠车床、光杆车床、六角车床、甚至卧式深孔钻床上；美国在此期间制定了以 19in 为主的机箱面板尺寸标准[2-37][2-38]。

模块化理论研究落后于模块化实践[2-7]，20 世纪 50 年代，欧美一些国家提出“模块化设计”概念，随后在模块化原理、模块化定义、实现过程、模块的划分与综合、产品族规划与设计等方面进行了研究，自此模块化设计及其应用越来越被重视。

机床行业是模块化设计提出时重点关注领域，机床行业的模块化应用普遍，已经渗透到设计、工艺及生产等整个过程。德国 SARMANN 公司生产包括数控、刀库和换刀装置、工作台、立柱滑座等模块组成的具有横系列和跨系列的镗铣床；法国 HURON 公司生产由滑枕式铣头、进给箱、工作台、床身和升降台、滑座垫块五类模块组成数百种规格的铣床；德国 WERNER 公司开发 TC500、TC1000 等模块化加工中心；德国某厂生产可改变为立铣头、卧铣头、转塔铣头等，及可改变床身、横梁的高度和长度的工具铣。组合夹具是使用较早、技术成熟的模块化系统，用模块可组成所需的夹具，用后再拆开以便另行组合。

瑞士肖布林（SCHAUBUN）公司在 20 世纪 50 年代对仪表机床进行了模块化设计、德国弗兰德（FLENDER）厂模块化减速机、比利时汉森（HANSEN）专利模块化减速机、西门子（SIEMENS）公司用模块化原理设计工业汽轮机都取得了很好效果。60 年代，模块化集装箱开始在运输行业中出现；70 年代，模块化产品在建筑机械行业得到迅速发展，法国 POTAIN 公司、瑞典 LINDEN 公司、德国 LIEBHERR 公司等开发出模块化塔机产品，德国德马格（DEMAG）公司模块化单梁吊车，显著提高了经济效益和产品的竞争能力。随后，模块化在电子行业、汽车、飞机、造船等行业也得以采用，产生了巨大的效益。

计算机领域是模块化应用的经典范例，模块化的硬件和软件大行其道，毫无例外。IBM360 系统[2-9]的诞生，改变了计算机产业的结构，是计算机历史上具有里程碑意义的事件，由于360系统采用模块化设计方式，因此也是模块化进程中的里程碑事件。360系统创造了巨大的经济价值，在经济体系中产生了波浪式的冲击效应，同时给计算机系统带来了企业、市场和金融的变革，由此IBM360的诞生也是经济体系中的重要事件。

20世纪70年代末至80年代初，模块化设计开始在我国受到重视，并逐步得到应用[2-38]。按模块化进行设计、生产和组装的组合家具很受欢迎。机床行业中是模块化设计原理进行新产品开发或系列设计的重点领域，取得了不少成果：上海市机床研究所、上海仪表机床厂和上海十二机床厂联合组成“小型精密机床模块化技术研究”课题组，进行仪表车床的模块化设计；南京机床厂在N-038型高效自动车床系列设计中采用模块化设计方法；东方机床厂应用模块化方法设计轻型龙门铣床；齐齐哈尔第二机床厂采用模块化方法设计万能摇臂铣床系列；北京第一机床厂1981年对龙门铣床进行了模块化设计；北京第二机床厂对高精度外因磨床进行了模块化设计。其他行业也开始采用模块化设计方法，杭州汽轮机厂把该原理应用在工业汽轮机上，取得了显著成效。机械电子工业产品现代设计计划表中列出模块化设计项目两批次共有86项，范围广泛，涉及机床、加工中心、模具、印刷设备、汽车、缝纫机及服装裁剪机械、注塑机、照相机、泵、压缩机、锻压机、电表、电机、工业汽轮机、水轮机、提升机等，发布了多项指导性技术文件。

尽管模块化设计的重要性和巨大的经济和社会价值已经被认识到，但是我国的模块化设计并没有开创性的成果，大多处于引进、吸收、模仿阶段，而且局限于国外已有成熟产品的应用领域，如机床等。

2.2 模块化集成框架

2.2.1 模块化集成思想基础

功能建模是产品实现的基础，进行功能分析获得功能树（功能结构）是产品实现的常见办法。对于复杂机械产品，由于产品自身复杂性、不确定性强，以及涉及范围广、层次多，结构松散的功能树（功能结构）导致技术复杂性和管理的复杂性和不确定性、成本不确定性，以及耦合作用的迭代复杂性，使得产品实现难度大大增加。

模块化作为一种处理问题的思维原则和基本方法，形成于 20 世纪末。模块化可以把复杂的问题简单化，把复杂的系统分解为各自不同的、相对独立的组成部分，通过标准化的界面（接口）把这些各自独立的部分相互连接为一个完整的系统，减少产品发展过程中的复杂程度，带来的改善包含缩短开发时间，增加多样化，减少资金需求，分散设计目标，增加产品弹性或组件弹性，产品更新更容易、易于演进和管理等。模块化设计、研发、生产以及模块化组织是符合当今产品设计思路、产业发展潮流，可具体执行和操作的方法体系和行为模式[2-11]。

由于模块化可以减少复杂程度，因此模块化是处理复杂系统的有效方法。诺贝尔经济学奖得主西蒙教授指出模块化是促进复杂系统向新的均衡状态演进的特定结构[2-39]。哈佛商学院 Baldwin 教授和 Clark 教授认为模块是复杂系统分解和整合的基础单元，通过分级的模块化设计，在确保模块互换性和通用性的条件下，能够快速实现“破坏性创新”，是设计复杂产品或过程的有效战略[2-5][2-9][2-39]。Langlois 认为模块化是管理复杂事物的一整套规则，将复杂系统分为独立部分，各部分在结构内部可通过标准界面交流。并且，虽然各个模块是独立设计的，但它和统一的系统一样可以发挥作用[2-40]。

模块化以功能为前提，模块化目的是降低组成部分之间的功能相互依存性，有利于并行和减少重复，从而提高设计和研发效率[2-11]。基于模块化的开发与整体型开发比较如图 2.1 所示（图中 F 表示产品的总体功能，S 表示产品的总体结构，F_1 和 F_2 表示产品的分功能，f_1、f_2、f_3、f_4 表示功能元，S_1 和 S_2 表示大模块，s_1、s_2、s_3、s_4 表示小模块）。

整体型开发中，组成部分（部件）的设计要考虑到其他部分的性能，形成多对多的网络型设计开发结构；而模块化确保功能与结构之间形成一对一的关系，提高产品设计的独立性，组成部分之间残存的相互依存性问题，只需在界面上予以处理。

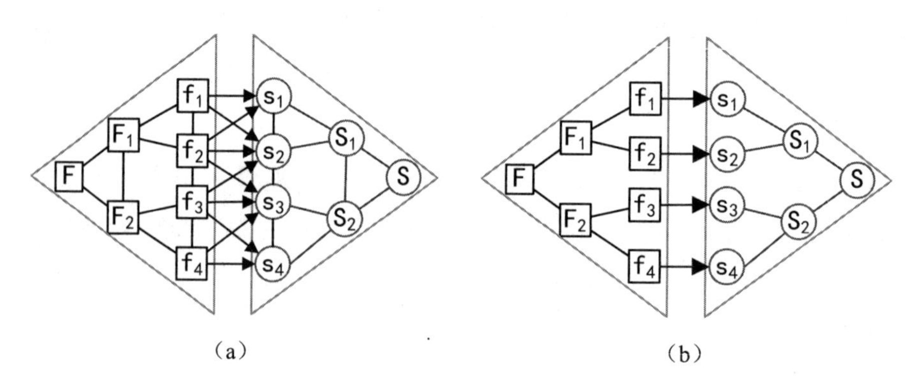

图 2.1 不同模式类型比较

（a）整体型；（b）模块化集成

Fig. 2.1 Compare of different design mode

(a) overall; (b)modularize integrated

2.2.2 模块化集成制造框架

产品模块化的关键步骤是模块化设计，当前产品模块化设计研究的重点是对产品进行功能分析基础上划分并设计出一系列功能模块，通过模块的选择和组合可以构成不同产品以满足市场不同需求的设计方法，这种强调通用化、标准化、系列化和重用性的模式，适用于系列分级特性比较明显的产品及产品族的开发和大规模制造。对于结构无明显系列化分级特性的产品和结构复杂整体性强的产品，尤其是复杂机械产品的制造，缺乏通过模块化手段实现制造的研究；另外模块化的范围需要贯穿整个产品生命周期，不能局限于某个阶段，基于以上两个方面提出模块化集成制造模式。

模块化集成制造是基于模块化思想，在用户需求进行产品功能分析基础上，定义功能明确、接口完整的模块层级体系，然后通过模块的设计、生产与集成以满足用户需求的制造方式。

模块化集成制造模式将模块功能和接口的定义与模块内部结构形状和尺寸的

确定分开，成为目标明确的两个不同阶段，而不是糅合的过程。模块化贯穿产品需求分析、功能建模、产品设计、生产集成、使用和报废的整个生命周期。

模块化集成制造体系框架如图 2.2 所示。

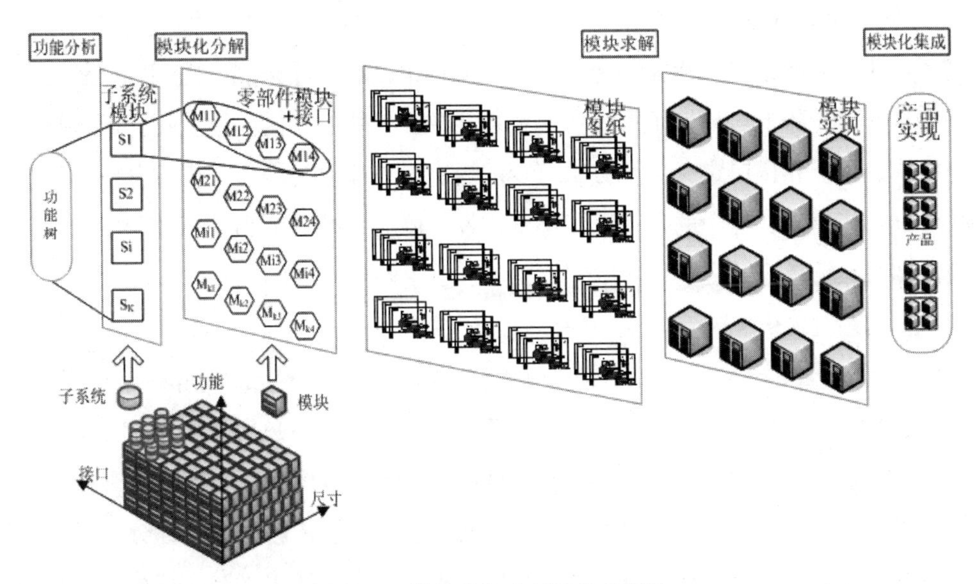

图 2.2　模块化集成制造体系框架

Fig. 2.2 Framework of modular integrated manufacturing

模块化集成制造方式可以降低系统分解和集成过程中的运算量和集成复杂程度。复杂机械产品模块化集成制造，在需求分析和功能建模阶段，主要目标是系统的模块化分解、接口定义和模块集成的规划，定义模块及模块之间的关系，而不涉及模块内部；模块设计和生产是模块内部事物，模块研发和改进相对独立，其信息处理过程被包含在模块内部，满足标准界面要求以实现与其他模块连接，不涉及模块外部，由此以模块内部和模块外部隔开的方式可以大大降低产品实现的复杂性和不确定性。

模块化集成制造中的模块构成模块层级体系，根据模块在功能体系中所处位置确定模块的层次水平。功能元层次模块是最小功能模块，实现更高层次功能的模块则层级相应更高，相应地可以将模块分为零件模块、组件模块、部件模块、分系统模块、子系统模块等不同的层级，其中子系统模块可以实现产品功能。

2.2.3 模块化集成制造关键问题

1. 模块化分解

模块化分解是在用户需求和各种约束条件下，将产品按照一定规则分解为可进行独立设计的半自律性子系统模块或功能独立模块的行为，模块化分解包括确定模块的功能和接口定义两个必不可少的内容。以模块化的方式进行分解，可以减少分解和集成过程中的复杂性和不确定性，降低系统分解和集成过程中的运算量，同时保持求解过程的足够空间，并不影响求解过程中的创新。

根据系统内信息传递方式不同，分为层次型系统（hierarchical system）、非层次型系统（non-hierarchic system）以及混合型系统（hybrid-hierarchic system）三类。层次型系统有效的模块化分解必须遵循公理化设计，必须满足独立公理和信息公理[2-41]。在产品的一个功能与产品的其他功能互不相关的前提下，进行模块化分解。对于复杂产品系统中组成部分之间存在的相互依赖关系，部分可以通过各种方法解耦，这样解耦后满足独立公理，实现层次化结构。层次型系统功能树结构和进行模块化分解过程如图 2.3 所示。

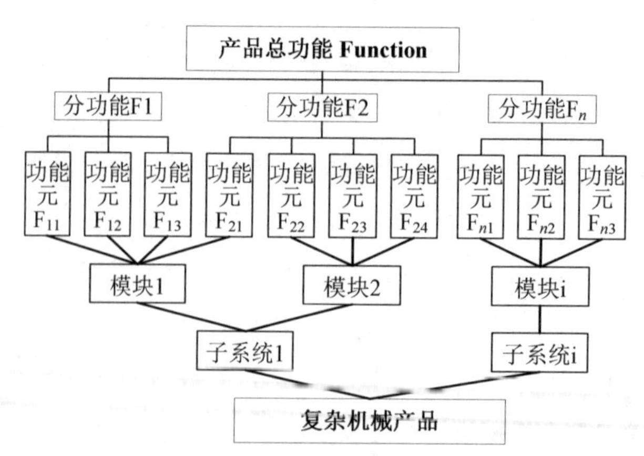

图 2.3 层次型系统功能树结构和进行模块化分解过程

Fig. 2.3 Modularize decomposition of Hierarchical Systems

耦合关系是复杂产品系统分解不容忽视的问题，部分耦合无法实现解耦，只有将耦合关系作为相关模块的约束条件，通过迭代实现分解和求解的优化。多学科设计的方法进行模块功能和接口优化，可以获得耦合环境下的最优解。多学科设计分解算法根据问题的目标函数和约束及其相互之间的连接强弱，把系统问题转换为下一级别的问题，也就是子系统层次或者是模块层次。基于物理部件、基于学科分析、基于任务过程的三种不同的复杂系统多领域分解方法[2-42]和多学科设计准分解理论中的连续变量约束条件扩展到离散的子系统变量[2-43]，及基于系统分解的多学科集成设计过程的层次式多学科集成管理模型和开发的相应多学科集成设计工具，为多学科模块化分解[2-44]提供了一定的解决方法。

2. 模块求解

设计生产过程是产品满足用户需求的求解实现过程，是找到符合要求的解并在物理上实现。设计是对以前从未解决的问题建立和定义解决方法与相关结构，或者对以前已经解决的问题建立和定义新的解决方法，也就是求解或优化。

根据模块化分解过程中模块或者模块子系统之间的关系，模块求解分为独立模块求解优化和耦合模块求解优化两类。独立模块求解是在模块范围内求得最优解，功能要求和接口是模块求解及优化约束条件，此约束条件是确定函数，等式约束或者不等式约束。

耦合模块求解要超越模块范围求解，在系统最优的情况下模块自身并不一定最优。耦合模块约束条件是不确定的，需要综合考虑耦合模块间的关系，集成学科的模型和分析工具，利用模块相互作用产生的协调效应获得系统整体最优解。学科模块化可以解决模型建立及求解的复杂程度。实现学科参数化，通过参数及输入输出变量连接学科，实现学科耦合。对学科参数进行系列化划分，进而实现学科模块化，多学科建模及求解的方法继续有效，而由于模块化的继承性使得求解运算量和过程大大简化。

3. 模块集成与平台

经设计或加工组装后的具有不同功能和结构形态的模块，按照定义的接口关系和约束形成系统称为模块集成，模块集成包括集成规划和集成操作两个阶段。

模块集成是功能、资源、信息、过程、组织等内容的集成，同时是一个充分体现资源、环境、设备、人员及时间规划的过程。

以模块实体模型为基础的模块化虚拟装配是解决模块不同地域厂家制造可能出现的接口及安装路径问题的有效办法，同时利用虚拟装配进行装配工艺规划，分析集成安装路径和装配顺序，制订集成生产计划、资源整体规划等，有利于提高模块集成效率和降低成本。模块集成涉及单个模块和子系统及其集成所需要设备、场地、人员、合理集成路径、方法手段等众多资源的综合过程，能够体现对象、要求、资源的集成平台在一定程度上决定集成效果。模块化集成平台能够直接利用设计过程中生成的模块模型，或者通过数据交换获得模块数据，能够实现整个制造过程中的数据集成。

由于组成系统的模块是分等级的，因此系统集成的方式有以单个模块为单位的集成和以子系统模块为单位的集成两种集成方式。这两种集成方式只是集成对象层次和集成顺序不同，没有根本性差别。功能和结构关联度强的子系统，如部分结构件模块，可以在模块环境允许的情况下采用子系统模块集成；而对于模块固定位置周围空余较小、结构上关联一般的子系统，如检测系统，采用单个模块集成的方式更为有利。

模块对象功能确定、结构独立、接口明确，模块化虚拟装配相对零部件虚拟装配相对要求单一和容易实现。复杂机电系统模块集成或子系统集成方式，集成对象数量相对较少、形状相对规范，装配路径对空间要求较大、方向明确，装配规划和装配过程运算量和工作量都大大减少，避免零部件装配路径规划运算量大难以规划、虚拟装配工作量大而需要专门软件提供技术支撑且受制于虚拟装配整体技术发展制约的可能，易于在通用三维建模 CAD 软件上实现，效率大大提高。

4. 全生命周期管理与支撑技术

制造过程是一系列映射，是同一事物进行不同类型描述或进行不同阶段描述，是在用户域、功能域、参数域、物理域等差异极大的领域之间映射。映射是一个创造性的过程，信息出现非对等传递和转换是不可避免的，表现为数据一致性问题，本质上是产品质量问题，需要通过不断的回顾发现并及时纠正。

模块是模块化集成制造的基本单位，模块的定义、设计、生产、改型和取消整个生命过程都涉及模块管理。建立模块管理系统是管理模块的有效方法，但是再好的管理系统也不能代替模块规则的确定，尤其是在模块规划定义阶段。

只有在有效的设计平台的支撑下，各种创新的设计思想和优秀的设计方法才能对设计产品产生实质性的影响。在缺少指导整个设计过程的基本原则和方法体系，以及缺乏创新设计方法的集成手段和平台的情况下，先进的设计方法如系统设计方法、可靠性设计、优化设计、有限元分析、绿色设计、创新设计等方法在研究和应用上的局部成果都无法对整个设计工业产生太大的积极意义。模块化集成制造模式同样需要相应的技术支撑体系，而在现有成熟商业软件基础上进行平台建设，是最有效也是距离成功最近的路。

2.3　参数化模块

2.3.1　模块概念

1. 模块的参数化定义

模块是模块化产品的基本组成元素，是实体概念，同时具有功能和结构要素，与功能体系中的功能分支或节点相对应，具有某种确定功能和接口结构的、典型的通用独立单元。

综合功能和结构定义的特点，将集成模式下的模块界定为：

具有特定功能的结构体，具有参数化的功能、性能、结构模型和接口特征。模块是功能、性能参数、几何参数、激励和响应等工程约束的函数。

$$M = f(\mathrm{F,Pe,S,G,I/O}) \qquad (2.1)$$

式中　F——模块的功能（function）；

Pe——模块的性能参数（performance），包括工作性能、使用性能等；

G——所对应的空间形状、几何尺寸（geometry）；

S——模块物理结构及拓扑结构（structure），模块功能的载体；

I/O——模块的输入（input）输出（output）。

功能、性能、结构、几何尺寸、输入/输出是模块的五类基本参数。模块功能都有其限定的范围（技术特性），可以分为主要功能、辅助功能和特殊功能等。模块性能包括工作性能、使用性能、结构性能、工艺性能等。模块的功能、性能决定模块类型，是模块的决定性参数。几何参数是模块的空间形状、几何尺寸，包括关键尺寸、装配尺寸、工艺尺寸、性能约束尺寸、自由结构尺寸等。结构是模块的拓扑组成、材料等。输入/输出常常包括物质流、运动形式流、能量流、指令信号流和控制信息流等。

2. 模块类型

功能和性能决定模块的类型，因此，只要在功能和性能方面具有明确参数的对象，都可以定义为模块。根据模块参数的独立性和完整程度可以将模块分为两类：一类是所有参数都独立或基本独立的模块，称为独立模块；另一类是部分参数不独立或没有完全分开的模块，称为虚拟模块或隐模块。一般而言，虚拟模块有相对独立的功能和性能，不具备相对独立的结构，或参数之间存在耦合的模块。

2.3.2 模块处理

模块识别或建立是一个多目标、影响因素众多的复杂综合优化过程，客户需求、产品功能、使用环境、技术水平等都是模块化的影响因素。根据相关性进行聚类分析，功能相关性分析和结构相关性分析是模块系统建立的两类常用方法，复杂产品系统模块化分解进行模块规划主要采用功能相关分析法，而在模块设计过程中采用结构相关分析法。

1. 模块规则

模块设计规则包括看得见的设计规则（visible design rules）和隐形的设计规则（hidden design parameters）[2-9]，模块化在完全准确地分清了以上两个部分时才有效。

看得见的设计规则，也叫作明确规定的规则，是影响到设计决策的规则。一般在开始设计阶段就确定“明确规定的规则”，看得见的设计规则由结构、界面、标准三部分组成：

结构——确定哪些模块是系统的构成要素，是怎样发挥作用的；

界面——详细规定模块如何相互作用，模块相互之间的位置如何安排、联系，如何交换信息等；

标准——检验模块是否符合设计规则，即设计者安装系统的方法，规定系统如何运行、某一特定模块是否符合设计规则，以及这类版本的模块较之于其他版本的模块运行如何，测定模块的性能。

看不见的设计规则，也叫作隐性的设计规则或隐藏起来的信息，是一种限于一个模块之内，对其他模块设计决策没有影响的规则。这种模块内的决策，可以被代替或事后再选择，也没有必要和该设计队伍成员以外的人商量。

把模块的相关内容、参数作为模块内部参数，另一部分内容、参数作为模块外部参数，将模块参数分为内部和外部相对独立的部分，内部参数由外部参数决定，但不能同时直接影响外部参数，实现模块封装。

2. 模块操作

模块操作是指为模块结构创造出所有可能的演进路径的工具，是模块化设计逻辑本身所固有的一种功能强大的概念工具，可以引起模块结构可能出现的变化。

模块操作有分割、替代、扩展、排除、归纳、移植等[2-9]六类。

（1）分割（splitting）：将设计（或任务）分割成模块；

（2）替代（substituting）：用一种模块替代另外一种模块；

（3）扩展（augmenting）：将新模块加到系统中；

（4）排除（excluding）：从系统中排除某个模块；

（5）归纳（inverting）：归纳并创建新的设计规则；

（6）移植（porting）：将模块移植到其他系统中。

前两个操作符分割和替代可以用于非模块化设计，其余四个则不行。

整体而言，模块操作符提供了一份“简短”的列表，说明设计者对模块化系统可以做哪些事情。通过这样一个列表，可以对过去、现在和未来的设计变化进行分类和整理。

3. 模块系统

根据模块来源的不同将模块分为三类：成型模块、改型模块和创新模块。成型模块是当前市场存在的模块，功能确定、结构明确，选用之后只需购买或者订制；改型模块是基于已有零部件或成套系统，根据规则进行组合或改型得到的模块，常用的规则有基于案例推理（Case-based Reasoning，CBR）、基于原型推理（Prototype-based Reasoning，PBR）、基于规则推理（Rule-based Reasoning，RBR）等[2-45]~[2-47]；创新模块是根据功能、环境或空间要求进行功能创新、原理创新等方法进行创新获得的模块。改型模块和创新模块在功能确定、结构明确之后进行相应标准化进入模块系统，模块形成和使用过程如图 2.4 所示。

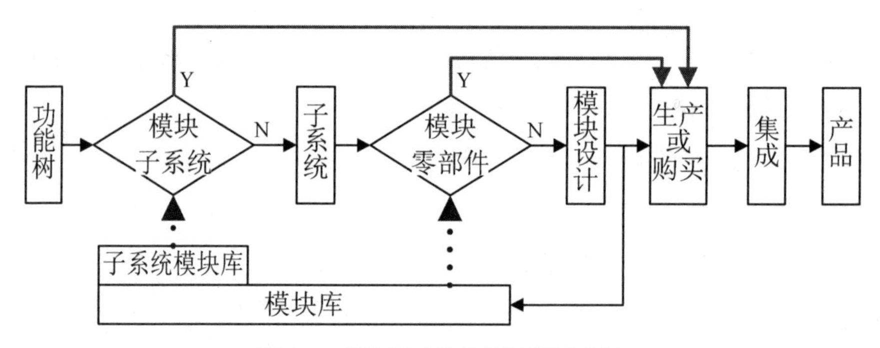

图 2.4 模块形成和使用过程示意图

Fig. 2.4 Flowchart of the formation and use of module

2.3.3 模块参数确定过程

制造是参数选择和确定的过程。模块包含 F、Pe、S、G、I/O 五类参数，分为外部参数和内部决定参数，分别在不同的阶段确定：模块化分解阶段确定模块功能 F、输入输出接口 I/O、体现功能的部分性能参数 R，重点是定义模块；模块设计阶段确定模块性能参数 Pe、结构参数 S、几何参数 G。确定模块外部参数时可以不理会模块内部参数；确定模块内部参数时，模块外部参数作为约束条件，这样就将模块参数的确定因素和确定时间进行了分离。模块参数的确定如图 2.5 所示。

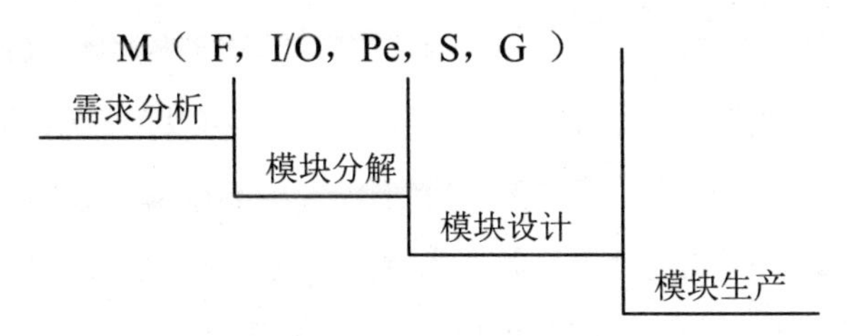

图 2.5　模块参数的确定

Fig. 2.5 Determine the module parameters

模块化分解是在顾客需求和各种约束条件下求解模块的功能、接口和工作性能，即

$$
\begin{aligned}
&\text{Opt}\quad (\text{F, I/O, Pe})\\
&\text{s.t.}\quad f(\text{Customer Need, CN})\\
&\qquad f(\text{Constrains, Cs})\\
&\qquad f(\text{Environment, E})
\end{aligned}
\tag{2.2}
$$

模块设计是找到符合要求的解，也就是求解或优化，结构和几何参数是求解的对象，模块化分解求得的模块功能、接口和工作性能作为输入条件，即

$$
\begin{aligned}
&\text{Opt.}\quad M_{ij}(\text{SM, G})\\
&\text{s.t.}\ f(\text{Function})\\
&\qquad f(\text{Input/Output})\\
&\qquad f(\text{Performance})
\end{aligned}
\tag{2.3}
$$

2.4　模块化集成制造的影响

2.4.1　与模块化设计比较

模块化设计是通过模块的选择和组合构成不同系列的产品，以满足市场不同需求的设计方法，重点是建立面向大批量制造的产品或产品族的通用化、标准化、系列化和重用性的制造模式，主要适用于系列分级特性比较明显的产品。

模块化集成制造是通过定义功能明确、接口完整的模块层级体系方式减少产品制造过程中的不确定性，即使小批量或者单件生产也能体现优势，适用于结构无明显系列化分级特性的产品和结构复杂整体性强的产品。模块化集成制造在需求分析和功能分解阶段就进行模块规划和选用，模块化贯穿产品市场分析、功能建模、产品设计、生产集成、产品使用和报废的整个过程。

模块化集成制造过程中采用模块化的思想和方法，模块化设计是模块化集成制造产品的基础，但是模块化集成制造和模块化设计不是简单的包含和被包含的关系，是不同的设计或制造模式。模块化集成制造和模块化设计比较见表2.1。

表2.1 模块化集成制造和模块化设计比较

Tab. 2.1 Compare of modularize manufacturing with modularize design

比较内容	模块化集成制造	模块化设计
目的	减少制造过程中的复杂性、不确定性，简化产品实现过程	追求交货期D、质量Q、成本C的最优
产品特征	所有产品（包括复杂机械产品、无明显系列化特征产品）	结构系列化特征明显的产品或产品族
起点基础	客户需求（不明确）	产品功能树（比较明确）
工作重点	模块化分解、耦合处理	模块规划、重复性
工作范围	全产品生命周期	主要是设计阶段

2.4.2 产品制造模式和管理

模块化集成制造模式将复杂系统分解为功能模块。一方面，模块具有相对独立性，模块化分解时就确定功能、性能和接口，而对于内部结构、尺寸等参数则不予考虑，由此内部参数和外部参数分开；另一方面，模块化分解结果获得一定数量的模块，模块数量低于整体式结构的产品组成部分的数量，因此采用模块化集成制造降低了制造过程的复杂性和不确定性。当然可以预见的是，这种模块化的模块化集成制造前期进行模块化分解时，工作量、难度和创新程度比随意分解要大大加强，不过只是将后期工作中需要处理的工作提前了而已，因此总体而言降低了制造的复杂程度，提高了创新效率。

为复杂系统组成部分创新创造选择权。模块化集成制造将复杂系统（或任务）

分解成独立的模块，模块的功能、性能和接口是明确的，这些构成模块求解（设计和生产）的约束条件。模块求解的任务可以分配给不同的团队，在满足模块外部约束的前提下进行求解优化，完全独立模块的设计（理论求解）和生产（物理求解）可以独立完成，耦合模块的需要关联求解。求解并不一定是“同一企业”的内部分工，完全可以利用其他企业的优势，实现资源共享。常用的模块建立模块库，需要时直接调用，避免重复性工作。模块化创造的选择权表现在：①复杂系统分解时可以选择分解为不同的模块；②模块设计可以选择不同的团队或公司来完成；③模块的生产也可以选择不同的单位来实现。模块化创造的选择权可以用图 2.6 表示[2-9]。

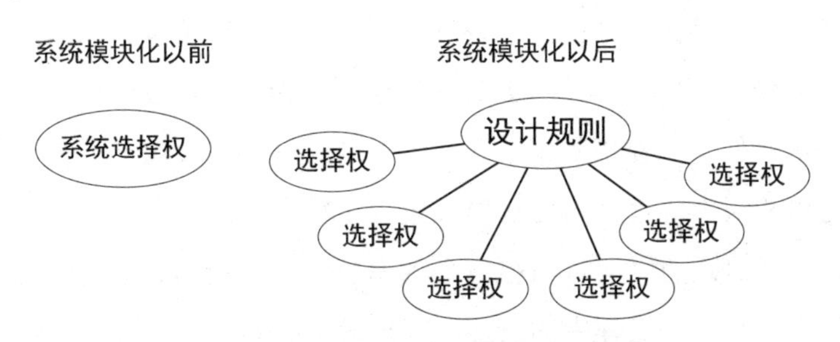

图 2.6　模块化为复杂系统创造选择权

Fig. 2.6 Modular options for the creation of complex systems

2.4.3　对产品设计的影响

产品设计是参数选择和确定的过程，模块化集成制造模式下的产品设计依次确定模块参数，外部参数和内部参数分别在不同的阶段确定（图 2.4），模块功能 F、输入输出接口 I/O、性能参数 Pe 在模块化分解阶段确定，结构和材料参数 S、几何参数 G 在模块设计阶段确定，这样下来，每个阶段的目的清楚、目标明确：在设计早期模块化分解只需要考虑模块外部参数之间的关系，可以忽略模块尺寸、结构等内部参数是否带来影响，优化的对象是模块外部参数；而在模块设计阶段，就是在外部参数约束下的求解，优化的对象是模块内部参数。

外部参数约束下的独立模块求解可以并行处理。独立模块（外部约束为固定值）的模块求解可以实现模块之间完全并行；耦合模块要根据相关模块求解，但是不同模块之间并没有顺序关系，因此耦合模块也可以采用并行工程方式，不过求解过程的外部约束要满足系统整体最优这个大前提，而且并行的方式更有利于耦合设计。由于模块相对独立，并行工程可以为模块求解提供方便，组成产品的不同模块的设计、生产可以并行，而且前期产品设计和后续相关过程的设计可以并行。也就是，除了并行地完成组成产品的各个模块的设计工作之外，还要同时进行有关过程的设计，包括工艺过程设计、生产过程设计、生产计划安排、产品质量计划（质量设计）、采购计划安排等。模块化集成制造为并行工程的应用提供了有利的前提条件。

一般情况下，除了少数需要大幅度创新的尖端技术或存在复杂的耦合关系需要反复迭代的模块，组成产品的多数独立模块和耦合模块设计所需的时间、经费资源是可以估计的，而模块都采用并行工程的设计方式，因此模块设计的关键路径和风险可以相对容易地获得，解决方案也比较容易确定。

模块化集成制造方式可以从根本上改变复杂机械产品的设计过程，采用有针对性的新技术减少设计过程中的反复，缩短设计时间。

2.4.4 经济和社会效益

模块化集成制造创建了一种内外区分的模块化产品体系，依照“看得见的设计原则”定义模块，又能保证模块组合起来的产品具有完整性。在模块化体系下，每个阶段、每个模块都具有创新的可能，节约产品和模块创新的时间和资源，带来巨大经济效益和社会效益。

模块化集成制造模式的经济和社会效益主要表现在以下方面[2-48]~[2-50]：

（1）模块化很好地解决了复杂产品设计与制造的复杂性问题，通过复杂产品模块化分解，降低了整体研发和制造的复杂程度，分散了产品创新的风险，提高了创新的效率。

（2）模块化通过降低系统开发的复杂性，通过对功能模块的系列操作及通用模块与定制性模块的有效匹配，降低产品开发费用节约开发成本，实现产品创新多样化，同时提高产品创新速度。

（3）通过对相对独立的模块设计和制造过程中的质量与性能水平的控制，保证了最终产品的质量与性能，提高了设计、制造过程的成功率。

（4）选择权将促进模块设计和生产单位之间的竞争，使模块的设计和生产都处于最优单位，各方都在从事自己擅长的工作，实现最大程度的资源共享，降低设计和生产成本，降低产品开发费用，尽可能地节约社会资源。

（5）模块化能实现产品的并行开发，可以大大地缩短产品制造时间，尽早投入生产，产生经济和社会效益。

2.5　本章小结

本章在综述模块化研究成果及模式应用基础上，从产品全生命周期角度综合考虑复杂机械产品制造，提出复杂机械产品模块化集成制造框架体系和关键问题，进行新模式下的模块定义，研究了模块化集成制造模式的影响，具体而言，包括以下几个方面：

（1）基于产品全生命周期综合考虑复杂机械产品制造，提出模块化集成制造框架体系，在需求分析和功能分解阶段就进行模块规划和选用，模块化贯穿产品市场分析、功能建模、产品设计、生产集成、产品使用和报废的整个过程。

（2）模块是具有特定功能的结构体，具有参数化的功能、性能、结构模型和接口特征，是功能、性能参数、几何参数、激励和响应等工程约束的函数。功能和结构是模块的两大基本要素。模块化是将复杂系统进行分解和整合的动态过程；相对独立模块通过接口连接为完整的系统，包括“模块分解化”和“模块集中化”两个主要过程。

（3）模块划分与接口、模块理论和物理求解即模块设计与生产、模块集成与系统建模、模块管理与应用等是模块化集成制造模式实现过程中的关键问题。

（4）模块化集成制造模式的影响主要体现在对模块化设计的发展、对产品制造过程的影响、对产品设计的影响、巨大的经济与社会效益等方面。

参考文献

[2-1] Davidow W.H., Malone M.S. The Virtual Corporation–Structuring and Revitalizing the Corporation for the 21st Century[M]. New York: Harper Collins, 1992.

[2-2] Lei D., Hitt M., Goldhar J. Advanced manufacturing technology: Organization Design and strategic flexibility[J]. Organization Studies, 1996, 17 (3), 501-523.

[2-3] Ulrich K.T. The Role of Product Architecture in the Manufacturing Firm[J]. Research Policy, 1995, 24:418-440.

[2-4] McClelland J.L., Rumelhart D.E. parallel Distributed Processing[M]. Cambridge Mass: MIT Press, 1995.

[2-5] Baldwin C. Y., Clark K. B. Managing in an Age of Modularity[J]. Harvard Business Review, 1997, 75(5):84-93.

[2-6] 青木昌彦，安藤晴彦．模块时代：新产业结构的本质[M]．上海：上海远东出版社，2003:36-39.

[2-7] 童时中．模块化原理、设计方法及应用[M]．北京：中国标准出版社, 2000.

[2-8] Benassi M. Modularization in Manufacturin. EURAM 2002, Stockholm.

[2-9] Baldwin Carliss Y., Clark Kim B. Design Rules: the Power of Modularity[M]. Cambridge Mass: MIT Press, 2000.

[2-10] Ulrich K, Tung K. Fundamentals of product modularity, Proceedings of the 1991 ASME Winter Annual Meeting Symposium on Issues in Design/Manufacturing Integration, Atlanta, 1991:1-14.

[2-11] 胡晓鹏．模块化:经济分析新视角[M]．北京：人民出版社, 2009.

[2-12] Otto Kevin, Wood Kristin. Product Design[M]. New Jersey: Prentice Hall, 2000.

[2-13] Ulrich Karl T, Eppinger Steven D. 产品设计与开发[M]. 3 版．北京：高等教育出版社，2005.

[2-14] Pine Joseph B.大规模定制——企业竞争的前沿[M]．北京：中国人民大学出版社，

2000.

[2-15] 蒋寿伟. 模块化设计[M]// 机械设计手册编委会. 机械设计手册（新版）第六卷. 北京: 机械工业出版社, 2004.

[2-16] Pahl Gerhard, Beitz Wolfgang. Engineering Design: A Systematic Approach(3rd Ed.)[M]. London: Springer-Verlag London Limited, 2007.

[2-17] 侯亮, 唐任仲, 徐燕申. 产品模块化设计理论、技术与应用研究进展[J]. 机械工程学报, 2004, 40(1): 56-61.

[2-18] Suh N.P. The principle of design[M].Oxford: Oxford University Press, 1990.

[2-19] Pahl G, Beitz W. Engineering design：a systematic approach[M]. London：Springer-Verlag, 1996.

[2-20] Erixon G, Yxkull V.A., Arnstrom A. Modularity - the basis for product and factory reengineering[J]. CIRP Annals Manufacturing Technology, 1996, 45(1): 1-6.

[2-21] Stone R.B., Wood K.L., Crawford R.H. Using quantitative functional models to develop product architecture[J]. Design Studies, 2000, 21(3): 239-260.

[2-22] Pimmler T.U., Eppinger S.D. Integration analysis of product decompositions, Design theory and methodology, MIT Working Paper, 1994, 36:90-94.

[2-23] Kusiak A., Huang C.C. Development of modular products, IEEE Trans. on Components, Packaging, and Manufacturing Technology, Part-A.1996, 19(4):523-538.

[2-24] Pahl G., Beitz W. Engineering design: a systematic approach[M]. London: Springer-Verlag, 1988.

[2-25] Lanner P. and Malmqvist J. An Approach Towards Considering Technical and Economic Aspects in Product Architecture Design, 2nd WDK-workshop on Product Structuring, Delft, The Netherlands, June3-4,1996.

[2-26] Reinders H. Diver sity management tool, ICED, The Hague, Aug.17-19,1993.

[2-27] Witer J., et al. Reusability-the key to corporate agility: its integration with enhanced quality function deployment[J]. World class design to manufacture, 1995, 2(1):25-33.

[2-28] Chang T.S., Ward A.C. Design-in-modularity with conceptual robustness[C], Design

Technical Conference ASME 1995, DE Vol. 82

[2-29] Gu P., Sosale S. Product modularization for life cycle engineering[J]. Robotics and Computer Integrated manufacturing, 1999, 15(5):387-401.

[2-30] [苏]л.п.Вобрик.模块化设计机床布局的分析[J]. 李艳君，译. 机床译丛，1983, (3):39-41.

[2-31] Hillstrom F. Applying axiomatic design to interface analysis in modular product development[C]. ASME Design Engineering Division, 1994, 69-2:363-371.

[2-32] Tsai YT, Wang KS. The development of modular-based design in considering technology complexity[J]. European Journal of Operation Research, 1999, 119(3): 692-703.

[2-33] O'Grady Peter. Object oriented approach to design with modules[J]. Computer Integrated Manufacturing Systems, 1998, 11(4):267-283.

[2-34] O'Grady P., Liang W.Y. An Internet-based search formalism for design with modules[J]. Computers &Industrial Engineering, 1998, 35(1-2): 13-16.

[2-35] He David W. Design of assembly systems for modular products[J]. IEEE Transactions on Robotics and Automation, 1997, 13(5):646-655.

[2-36] He David W. Designing an assembly line for modular products[J]. Computers & Industrial Engineering, 1998, 34(l):37-52.

[2-37] 贾延林. 模块化设计[M]. 北京：机械工业出版社, 1993.

[2-38] Huang C.C. Overview of modular product development. Proceedings of the National Science Coucil[J]. Republic of China, Part A: Physical Science and Engineering, 2000, 24(3): 149-165.

[2-39] Simon H A. The Architecture of Complexity. Proceedings of American Philosophical Society, 1962, 106:467-482.

[2-40] Langlois R.N., Robertson P. Networks and innovation in a modular system: Lessons from the microcomputer and stereo component industries[J].Research Policy, 1992, 21: 297-313.

[2-41] Suh Nam Pyo. Axiomatic Design: Advances and Application[M]. New York: Oxford

University Press, USA, 2001.

[2-42] Parashar S, Bloebaum C. L. Decision support tool for multidisciplinary design optimization (MDO) using multi-domain decomposition. 46th AIAA/ASME/ASCE/AHS/ASC Structures, Structural Dynamics & Materials Conference. Austin, Texas: AIAA, 18-21 April 2005, AIAA 2005-2200.

[2-43] Haftka R. T., Watson L. T. Decomposition theory for multidisciplinary design optimization problems with mixed Integer quasiseparable subsystems[J]. Optimization Engineering, 2006(7): 135-149.

[2-44] 龚春林, 谷良贤, 袁建平. 基于系统分解的多学科集成设计过程与工具[J]. 计算机集成制造系统, 2006, 12(3): 334-338.

[2-45] Wason I. Case-based Reasoning is a Methodology not a Technology[J]. Knowledge-Based Systems, 1999,12(5-6): 303-308.

[2-46] Gero John S. Design Prototypes: A Knowledge Representation Schema for Design[J]. AI Mag, 1990, 11(4): 26-36.

[2-47] Quah Tong-Seng,Tan Chew-Lim et al. Towards Integrating Rule-based Expert Systems and Neural Networks[J]. Decision Support Systems, 1996, 17(2): 99-118.

[2-48] Sanderson S., Uzumeri M. Managing product families: the case of the Sony Walkman[J]. Research Policy, 1995, 24(5):761-782.

[2-49] Langlois R.N., Robertson P. Networks and innovation in a modular system: Lessons from the microcomputer and stereo component industries[J].Research Policy, 1992, 21: 297-313.

[2-50] Clark K.B. Project scope and project performance: The effect of parts strategy and supplier involvement on product development[J]. Management Science, 1989, 35(10):1247-1263.

[2-51] Langlois Richard N. Modularity in Technology and Organization[J]. Journal of Economic Behavior & Organization, 2002, 49(1):19-37.

[2-52] 赵韩, 黄康, 陈科. 机械系统设计[M]. 北京: 高等教育出版社, 2005.

第 3 章　模块化分解

通过将复杂系统分解成多个子问题来进行多级设计，常常可以导致整个系统的概念简化、降维为子问题、并行或分布式计算、降低编程及其调试的难度、子问题分别用不同的求解方法、技巧、参数研究模块化处理、多决策人员的多准则分析等，从而有利于复杂系统的实现。

3.1　分解概述

分解始于 20 世纪 50 年代早期，Kron[3-1]提出将设计中的问题分解成若干子问题的设想，并在电路设计中实现。随后，许多研究者应用该方法解决一些特定问题，但没有扩展到通用的问题处理上[3-1][3-2]。70 年代初 Dantzig 和 Woif 等提出分解大型线性规划问题（LP）的严格数学基础[3-3][3-4]及有限元方法的出现，分解方法在设计领域及优化方面引起相当的兴趣[3-5][3-6]，在 80 年代得到重视且不断应用[3-3]~[3-7]。

3.1.1　系统分解目的、依据和类型

1. 简化系统是分解目的

较大的系统均可分成若干部分或层次。对于时间过程系统可以分成若干阶段。如何将所研究的系统按不同层次或阶段，以至逐个地把组成系统的要素或子系统区分开来进行分析，使复杂的系统整体变换成许多简单的小系统，这就是系统的分解问题。系统整体如何通过分解简化为若干子系统，这对于认识整体系统，作出决策，以及协调配合都关系极大。

为了提高效率及采用并行工程，更是为了简化问题，将整个系统按照某些规则分解成多个子系统，使难以求得有效解的复杂系统求解转化成为多个相对简单的子系统求解。系统分解的关键是在保证系统整体性能最优的前提下，将该系统

按照所包含的学科（子系统）和一定规则进行分解和重新规划，从而简化系统中的约束和耦合关系，降低系统设计的复杂性。

2. 分解依据和准则

系统分解不是单纯的理论问题或数学问题，不存在唯一分解模式。对不同设计阶段或不同系统，分解方式各有侧重，有时甚至需要将多种分解方式结合起来。既可以从建立数学模型的过程中，为便于计算进行分解[3-8]；也可从变量管理等角度进行分解。系统分解的实际方案受到工程中任务性质、物理过程、运行方式、工艺特点、时间、空间等要素的限制，空间结构关系、系统总目标或总任务、系统模型的关联性、按系统控制和管理过程等是系统分解的常见依据，这种方法属于基于功能的“零部件分解”方法。

3. 分解类型

根据分解后子系统间信息传递方式的不同，将系统分为分层系统（hierarchic system）、非分层系统（non-hierarchic system）以及混合分层系统（hybrid-hierarchic system）三类，如图3.1所示。

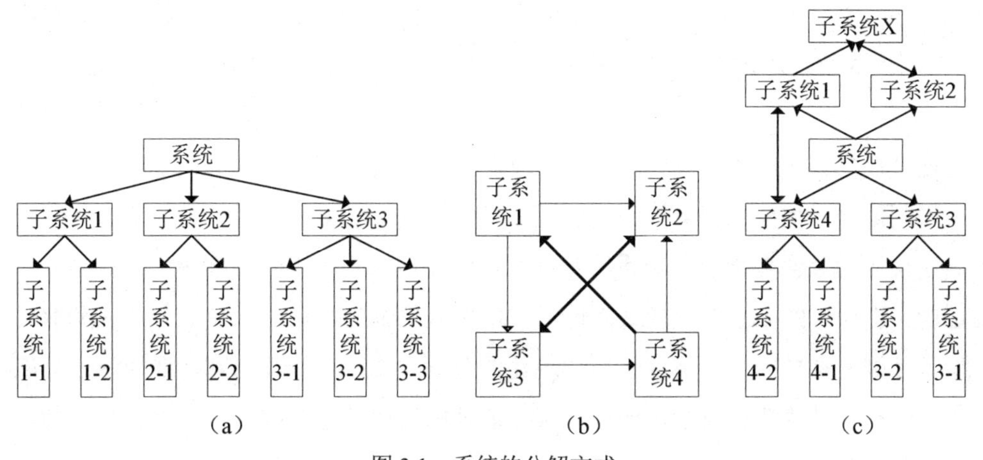

图3.1 系统的分解方式

（a）分层系统；（b）非分层系统；（c）混合分层系统

Fig. 3.1 Type of system decomposition

(a)hierarchic system; (b)non-hierarchic system; (c)hybrid-hierarchic system

根据子系统之间有无耦合关系，将上述三类关系的复杂系统划分为层次系统和非层次系统（称为耦合系统，coupled system)。层次系统特点是子系统之间信息流程具有顺序性，每个子系统只与上一级和下一级层次的子系统有直接联系，子系统之间没有耦合关系，是一种“树”状结构；非层次系统的特点是子系统之间存在耦合关系，并起关键作用，从结构上看，是一种“网”状结构。层次系统和非层次系统划分中，必须注意：

（1）非层次系统，强调各子系统之间有较强的耦合关系，在分析各子系统时，必须同时考察耦合关系；

（2）实际的复杂工程系统必然存在耦合关系，同时又具有层次性，有些子系统之间的信息流程具有顺序性，有些子系统之间的信息流程具有耦合关系；

（3）如果忽略耦合关系，则非层次系统可以转换为层次系统，可以认为层次系统是非层次系统的特殊情况，实际在处理弱耦合关系的非层次系统时往往忽略耦合关系，直接简化成层次系统。

3.1.2 模块化分解

基于功能的系统零部件子系统分解方法有两个方面的问题：①零部件子系统松散带来集成的复杂性和不确定性，在分解复杂系统过程中表现为运算量大、集成困难；②分解终点的确定即分解粒度问题：粒度过细导致求解计算非常庞大以及限制创新，粒度过粗可能失真和无法求解，甚至出现无解。

模块化分解是指将复杂系统或过程按照一定的联系规则分解为可进行独立设计的半自律性的子系统模块或功能独立的模块的行为。模块化集成制造在分解时根据功能和结构的实际情况采用模块化的分解方式，功能细化到功能模块则功能分解停止。模块化分解不仅明确了独立的功能模块是分解的终点，而且独立功能模块的方式减少分解和集成过程中的复杂性和不确定性，降低系统分解和集成过程中的运算量，同时保持求解过程的足够空间，并不影响求解过程中的创新。功能分析将产品的总功能分解为一系列子功能，形成功能树或功能结构，按照一定的相关性影响因素进行聚类分析定义模块，进行模块化分解，子功能之间的功能相关、装配相关、信息相关、空间相关[3-9]和模型中各个子功能与产品中传递的能量流、物流和信号流关联程度[3-10]都是模块化分解与模块发展的主要依据[3-11]。

模块化分解过程并非随意进行，需要遵循一定的规则。Baldwin 和 Clark[3-11]通过计算机科学的类似思想，阐述了模块系统设计的一般原则：模块化分解的系统应当包括把信息划分为看得见的设计规则（visible design rules）和隐形的设计规则（hidden design parameters）。看得见的设计规则由三部分组成：①结构：确定哪些模块是系统的构成要素，它们是怎样发挥作用的；②界面：详细规定模块如何相互作用，模块相互之间的位置如何安排、联系，如何交换信息等；③标准：检验模块是否符合设计规则，测定模块相对于其他模块的性能。隐形的设计规则被封闭在模块内部，不应当超出模块边界进行联系，基本包含了结构、界面和标准三方面的内容。

耦合关系是复杂机械产品分解不容忽视的问题，有效的模块化分解过程必须遵循公理化设计，分解过程必须满足独立公理和信息公理。Suh[3-12]针对产品功能特点提出功能独立设计公理，指出“一个最优设计必须保持功能需求的独立性”。在产品的一个功能与产品的其他功能互不相关的前提下，进行模块化分解，否则需要将耦合的功能进一步分解以满足独立公理。对于有些复杂系统，组成部分之间的解耦无法完全实现，但是通过采取有效的方法仍然可以对其进行模块化处理。青木昌彦[3-13]用矩阵图法对具有相互依赖性的笔记本电脑的设计进行了模块化的处理：①找出零件之间的相互依赖性，把它们分配到“看得见的”设计规则里；②创造“隐形的”模块；③建立系统集成与检测模块，解决各个模块装配成整体系统后可能产生的矛盾。另一种解决耦合问题的方法是将耦合模块联立优化求解，获得耦合环境下的最优解，即多学科优化。基于物理部件、基于学科分析、基于任务过程的三种不同的复杂系统多领域分解方法[3-12]和多学科设计准分解理论中的连续变量约束条件扩展到离散的子系统变量[3-14]，及基于系统分解的多学科集成设计过程的层次式多学科集成管理模型和开发的相应多学科集成设计工具，为多学科模块化分解[3-15]提供一定的解决方法。

3.2 分解对象及建模

3.2.1 功能体系是分解对象

产生于 20 世纪 40 年代的“价值工程”提出关于“功能”的思想——“顾客购买的不是产品本身，而是产品所具有的功能。”明确说明功能是产品的核心和本质，产品的价值在于满足用户需求的特有功能。60 年代以来，“功能”思想在设计领域产生了重大影响，设计师逐渐意识到“功能”在产品设计中的地位和重要性，功能是产品设计的初始要素，也是产品设计的最终目标，具体实现产品功能目标的设计过程就是功能设计。“功能”概念逐渐成为产品设计遵循的一个标准。

功能：是对一个产品的输入与期望输出之间的那种清晰和可重现关系的描述，它独立于任何特殊的形式之外。产品功能就是产品的综合目的功能，即是用来做什么的，产品的功能是对产品的最简单描述。

约束：是产品所必须满足的一种明确的规范或准则、需要从整体上对产品进行考虑，以对其规范或准则进行确定。

有些功能和约束在一定条件下是可以互相转换的，即在一种产品里作为约束，而在另一种产品里可能就作为一种功能。典型约束的例子有很多，如成本、紧凑性、占地面积、质量、可靠性等。当然以上这些约束在一定条件下是可以转换成功能的。

功能所体现的是产品如何满足顾客的需求。但另外，在某些情况下顾客需求并不是由产品的功能满足的，而是由产品的外在形式所表现出来的。

功能和约束是复杂机械产品分解的对象，定义为功能体系。在功能进行分解的同时，约束也要同步分解，用总约束当作子系统模块约束进行求解是不适合的。

3.2.2 需求工程是分解的前提

1. 需求工程

产品开发目的是满足用户需求，发现需求是产品开发的起点，满足需求是产品制造的归宿。产品制造任务来源于用户需求，并以满足这种需求为最高目标。

需求工程是应用已证实有效的技术、方法进行需求分析，确定用户需求，帮助分析人员理解问题并定义目标系统的所有外部特征的一门学科。通过合适的工具和记号系统地描述待系统及其行为特征和相关约束，形成需求文档，并对不断变化的需求演进给予支持。

需求工程包括需求和供应两个方面。需求分析、需求满足（产品供应）构成需求工程。需求工程的关键并不是顾客需要什么，而是顾客的需要如何被满足。

如何从各种各样的应用专业领域中特别是直接从最终用户处捕获需求并完整、准确地予以描述与分析的新的被称为“用户主导，面向领域的需求分析方法”被提了出来，需求工程成为研究的热点。

对于复杂机械产品，由于用户需求在早期并不明确，需求工程显得更为重要。不仅需要使用工程语言和符号清晰、规范地表述用户描述的“产品用途”，而且需要明确如何满足用户的需求，尤其是用户需求中存在的不同功能或性能参数之间的相互矛盾的需求取舍。

2. 顾客需求确定（需求工程方法）

需求是为“系统必须符合的条件或具备的功能”，需求是由需要而产生的要求。顾客用自己的语言表达对产品的要求，称为顾客之音（Voice of Customer，VOC），也称为顾客需求。顾客需求是产品开发的依据和源头。

人们已经开发出一系列方法和流程识别大批量制造的顾客需要，强调直接控制产品细节的工程师和工业设计者，跟顾客相互沟通并经历产品使用环境的重要性，处理从顾客那里获得的数据则一般采用分类统计的方法。

通常的需求工程包括四个方面的内容：①选择顾客；②顾客对产品需求的描述；③顾客需求的重要度排序；④多家产品对顾客需求满意度调查。复杂机械产品采用定制方式，其用户需求主要在前三项，与批量制造有所不同。

1）确定用户

产品用户是确定的，这是复杂机械产品显著不同于大批量制造产品的特征。所有情况下，从产品的最终使用者那里收集数据是一种好途径，而在很多情况下其他人员和利益相关者也是很重要的，也要从他们那里收集信息。对于许多产品来说，一个人（买者）作出购买决策而另一个人（用户）才是实际的产品使用者，复杂机械产品中这一点尤为明显，因此可以将产品用户分为使用人员和技术人员两大类，另外，管理人员也会参与到整个产品的开发中，他们也是用户的组成部分，但是他们的意见往往来自技术人员和使用人员。

跟大批量制造产品选择与领先用户[3-16]（lead user，指那些中在市场普及之前数月或数年就经历需要并能从产品创新中大量受益的顾客）访谈可以有效识别需要一样，选择复杂机械产品用户中洞悉产品用途的技术人员或使用人员进行访谈是非常有意义的。

2）明确用户需求

不同类型用户的需求是不同的，同一类型用户需求有一定的统计表现。复杂机械产品必须尽可能地满足所有类型用户的需求，而大批量制造产品可以通过细分市场用不同的产品满足不同类型用户需求。将需求分类是确定需求的一个有效方法。根据用户提出需求角度的不同，可以将复杂机械产品用户需求分为技术需求、使用需求、管理需求；根据需求的延续性可以分为直接需求和潜在需求、常规需求和可变需求、普遍需求和特定需求。

Kano 顾客满意度模型有助于顾客需求描述。对于产品功能，从令人反感到喜欢，从无到全部呈现出来，如图 3.2 所示。

图 3.2 中三条曲线分别表示三类需求：基本型、期望型、兴奋型。

基本特征是指用户认为在产品中应该有的需求或功能，没有用语言特别表达出来。一般情况下，基本特征不会在调查中提到。如果没有考虑这些需求，到时候用户就会想起它们。如果产品没有满足基本特征，用户就会很不满意；如果完全满足基本特征，用户也不会表现出特别满意，会持中立态度。

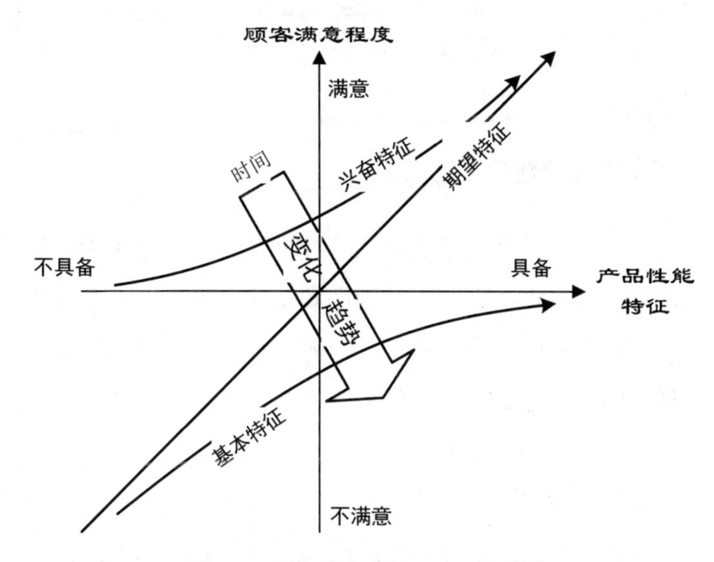

图 3.2　顾客满意度的 Kano 模型图

Fig. 3.2 The Kano model of customer satisfaction plan

期望特征的需求是用语言表达的，性能越好，产品就越好。市场调查中顾客所谈论的通常是期望特征。期望特征产品中实现越多，用户就越满意。

兴奋特征是指顾客想象不到的产品特征。产品提供这类特征时，用户会非常兴奋，从而对产品非常满意；如果产品不具备这类特征，用户也不会不满意。

随着时间流逝，兴奋型特征就会转变成为期望型特征，而且最后转变成基本特征。因此，需要在了解顾客需求的基础上不断创新，提供性能优异的产品。

对于复杂机械产品而言，基本特征的提供是产品的基本要求，而期望特征是产品的工作重点，兴奋特征的提供对产品是有益的，可以适当追求，但是如果花费很多成本提供了兴奋特征却在基本特征和期望特征上有重大缺陷，将是得不偿失的。

3）用户需求重要度排序

复杂机械产品不同类型的用户需求有可能存在无法全部满足或者相互之间存在冲突，此时用户需求重要度排序显得非常重要，即使不存在以上两类情况，从产品功能实现角度，进行重要度排序也是非常有意义的。跟大批量制造产品无法直接跟顾客提出需求的重要性信息不同，复杂机械产品是可以直接跟用户沟通、甚至多次讨论重要度排序的问题。

3.2.3 功能建模是分解的基础

进行市场调研或收集顾客需求的方法已被设计人员广泛接受，但是这并没有对其设计方法带来太大变化，没有映射到产品功能定义的用户需要并没有产生实质性的意义。然而这种映射并不容易，从顾客需求到具体的产品设计更趋向是一种艺术而非一种科学或方法[3-17]。事实上，对很多产品而言，设计工作一直都是直接从前人的设计经验中寻找答案。

功能建模是体现产品用户需求的、由分功能及功能元组成的图形结构及相关信息结构，显示地表达产品的功能和它的结构元件，并用功能知识去组织有关产品的目的知识和因果知识，以实现功能的分解和建立功能因果网络[3-18]。建立满足用户需求的功能模型，是进行产品设计的基础，也是进行进一步分解的基础。

3.2.4 功能建模方法

黑箱子是多数功能建模中基本的构造方法。称其为黑箱子是因为其内部的构造形式被认为是未知的，可以把产品看成具有某种用途（功能）：接收输入，改变或修改这些输入，然后产生输出。用一个矩形框把它围起来对功能进行简单的描述，如图 3.3 所示。

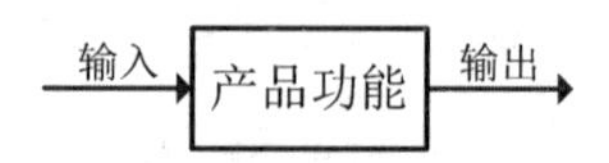

图 3.3 通用的黑箱子模型

Fig. 3.3 Common black box model

1. 功能分析系统技术（FAST）

功能分析系统技术法（Function Analysis System Technique，FAST）[3-19]是把综合功能分解成若干子功能，通过子功能的工作完成综合功能的创建产品功能模型的方法是功能建模的基本方法，如图 3.4 所示。

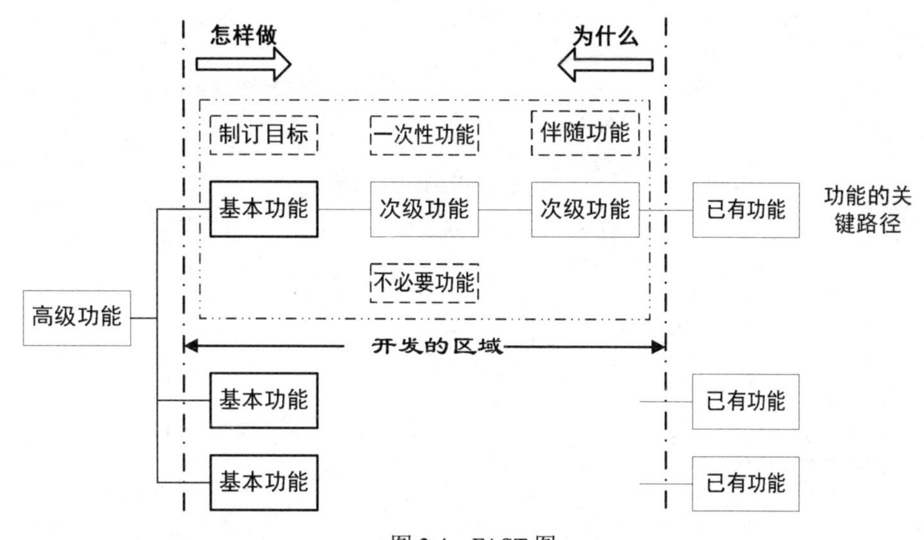

图 3.4　FAST 图

Fig 3.4 Function Analysis System Technique

FAST 是一种采用自顶向下系统化的功能建模方法，在将设计概念转化成现实产品的过程中应用广泛。FAST 用于定义、分析和理解产品的功能，确定功能之间的关系，关注重要功能以增加产品的价值。它通常是以逻辑的顺序来展示产品的功能，对它们的主次关系进行排序，并检验功能之间的相互依赖关系。复杂机械系统用 FAST 法建模后的一般表达形式如图 3.5 所示。

FAST 法创建功能树，既简单又迅速，但没有体现子系统之间的相互作用关系。在黑箱子中，并没有考虑子功能之间的相互连接关系。因此，该方法在创建设计规范和构造开发过程方面并不是很有效。

2. 功能流图建模

Rodenacker[3-20]、Koller[3-21]、Pahl 及 Beitz[3-22]、Hubka[3-23]等将功能定义为能量、物质/材料、信息的输入和输出之间的关系。这个定义广泛地为设计研究者所接受。德国工程师协会有关设计方法学的指导性文件 VDI-2222 把功能定义为一个系统为完成一项任务，而对输入、输出和状态参数之间的一般关系的抽象。相应地，用能量、物质、信息流的转换来表示功能，用流图来表达设计问题，把整个设计过程分解为基本的物质/材料、能源和信息流。

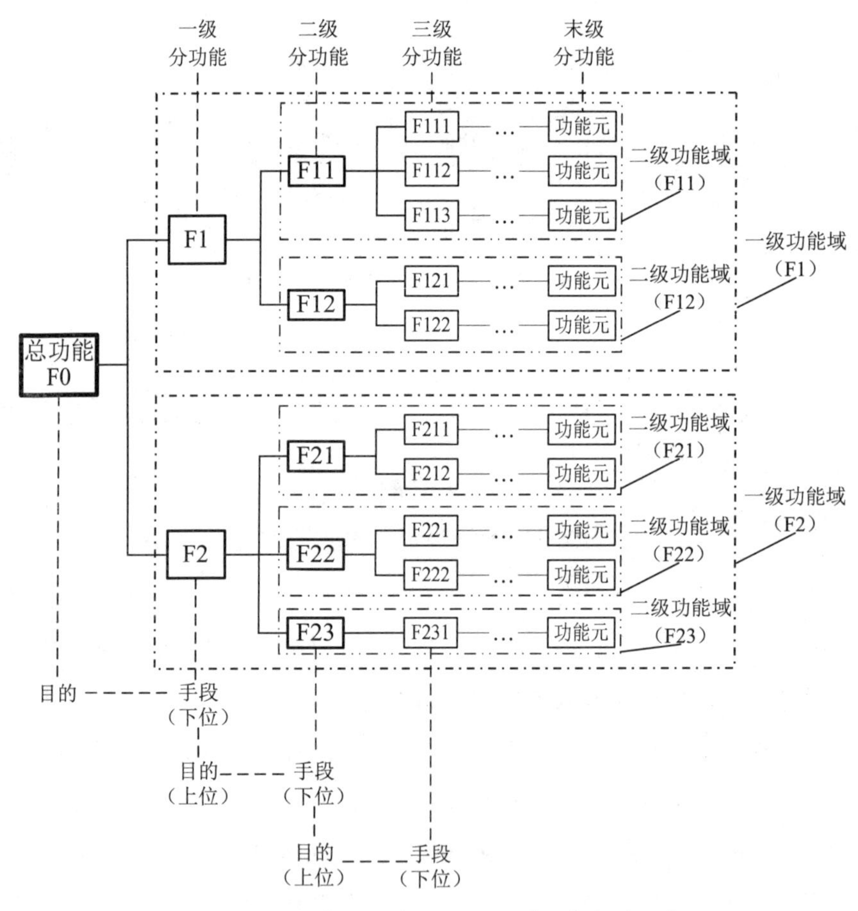

图 3.5　复杂机械产品 FAST 法建模一般表达形式

Fig. 3.5 General form FAST method modeling of complex mechanical products

以抽象方式建立产品流图功能模型，包括物质、能量与信息三类输入与输出，如图 3.6 所示。这类流图模型可以使得关注的重点是产品的主要功能，在第一时间内把顾客需求转换成对设计问题技术上的理解，通过流图的输入与输出功能使这种转换或映射得以实现。

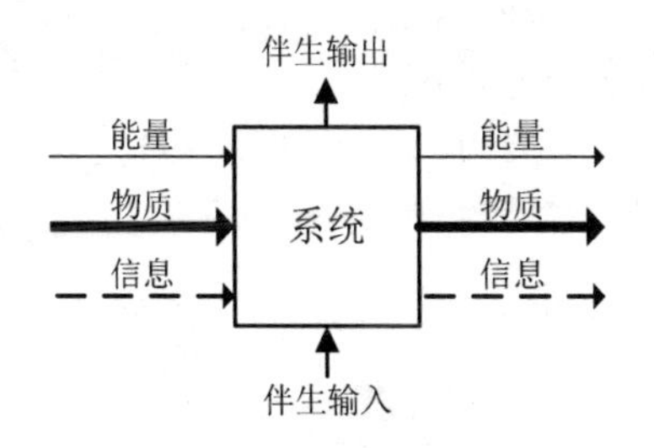

图 3.6　系统功能的输入/输出流模型

Fig. 3.6 Input / output flow model of system functions

利用流图模型，可以对产品功能进行细致而有效的表达，如系统/子系统、边界、信息、物质/材料、能量、功能结构等[3-24][3-25]。一般的流图表达形式如图 3.7 所示，以比较清晰的形式表达了产品依据能量、物质、信息所必须完成的功能之间的关系。

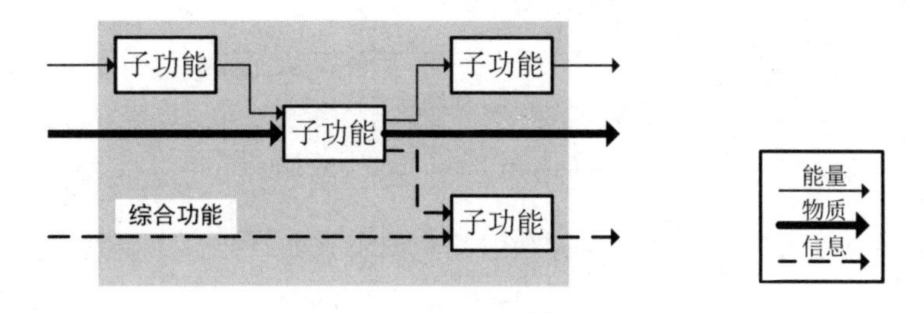

图 3.7　一般的流图表达形式

Fig. 3.7 General form by flow mode

3. 质量屋矩阵建模

质量功能展开（Quality Function Deployment，QFD）是一种顾客驱动的结构化产品开发方法[3-26][3-27]。QFD 以顾客需求为依据，采用多层次演绎分析方式，将顾客需求恰如其分地转换成生产计划、产品设计、制造等各阶段技术要求。QFD 将顾客需求映射到设计要求，是一种产品功能建模方法。

质量屋（House of Quality，HOQ）是在产品开发中具体实现这种方法的工具。HOQ 是 QFD 方法的工具，提供将顾客需求转换成产品和零部件特征并配置到制造过程的结构，采用直观的矩阵框架表达形式。

产品规划质量屋是实现用户需求到产品功能映射，是结构上最为完整的质量屋，在实际中应用最为广泛，常见的产品质量屋建模由五部分组成，如图 3.8 所示。

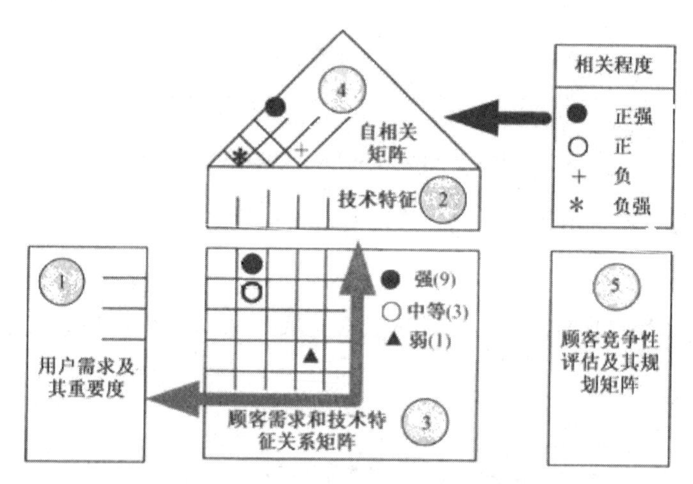

图 3.8 产品质量屋建模步骤

Fig. 3.8 Quality house modeling steps

实现用户需求到产品功能目标映射的建模步骤如下：

（1）顾客需求及其重要度，是质量屋的“什么”（whats）。这是质量屋最基本的输入，通过市场调查等方法获得。

（2）（产品）技术特征，是质量屋的“如何”（hows）。为了满足输入的顾客需求而必须予以保证和实施的技术特征，是用户需求赖以实现的手段和措施。

（3）顾客需求和技术特征关系矩阵，反映了从顾客需求到产品技术特征的映射关系。表明了产品各技术特征和顾客需求的贡献和相关程度。用强相关、中等相关、弱相关来描述。

（4）（技术特征间）自相关矩阵，表征了改善产品某一技术特征的性能对其他技术特征所产生的影响。用正强相关、正相关、负相关、负强相关来描述。

3.3　基于功能元的模块化分解

功能元是直接能求解的功能单元。只要能直接求解，就可称作功能元。功能元组成和功之间的关系常用功能树表达。功能树反映产品的功能结构、层次和相互关联情况。功能树中前级功能是后级功能的目的，后级功能是前级功能的手段。不同机械产品有不同的功能树，复杂机械产品的功能树组成也错综复杂。

功能元粒度即功能分解停止时机的选择是功能分解中的关键所在。

基于功能元的模块化分解主要依据功能的观点和结构的观点：功能观点的核心是功能层次或功能结构，功能是产品运行或活动；而结构的观点则着眼于考察产品功能实现的使用过程本身[3-13][3-28]。

3.3.1　功能元集合模块化

1. *功能元集合法*

复杂技术系统利用系统分解性原理，将总功能分解为下级子系统，进而分解成简单的功能元，通过功能元求解和功能元解的组合实现系统，即功能元集合法。

功能元之间的逻辑关系和功能元的结构关系是功能元集合法进行功能元组合的依据。功能元间的关系包括实现功能必然有的先后次序关系或相互保证关系，或者功能元自身及功能元之间的输入输出关系等。功能元之间关系分为独立、依存和耦合三种，相应的功能元组合方式有并联（平行）、串联（链式）和环形（反馈）结构三种。通过形态学矩阵之类的方法，进行功能元组合可以形成多种方案，不同方案效果不同，进行方案比较，选取最优方案是现代设计常常使用的方法。

功能元集合模块化方法是采用模块化方式进行功能元组合，遵循功能元之间的逻辑关系和结构关系，将功能元组合成不同的模块，然后通过模块集成实现功能的方法。功能元集合模块化可以避免功能元组合过程中的无序和混乱，同时应用模块化的规则可以实现界面划分。

2. 模块化步骤

功能元集合模块化过程分为四个阶段[3-29]，依次是：功能树建模，功能元分类集合，结构布局，模块与接口，如图 3.9 所示。创建过程的关键在于采取系统的方法定义有效的模块或功能分块。这种方法为模块界面设计及模块交互设计问题提供了解决办法。

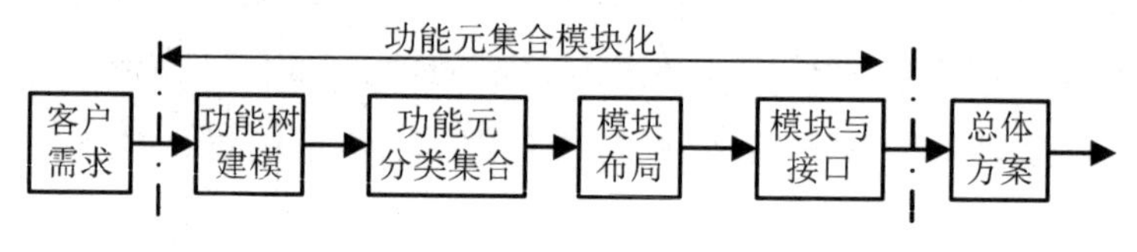

图 3.9 功能元集合模块化过程

Fig. 3.9 Function unit set of modular process

1）功能树建模

功能体系建立是首要步骤。功能树以图形的形式表示了产品系统的输入输出特性。外界环境中的物质、能量、信号通过界面进入产品结构，经过产品内部的功能系统的作用，以新的方式和特征回到环境中[3-24]。

2）功能元分类集合

通过对系统中的子功能做集合归类，得到“功能分块”，然后通过这些功能分块来建立产品。功能分块的主要依据是直觉判断，将具有明显的关联性和功能实现上具有一致性的子功能进行分类别处理，各类别之间有明显界限。模块之间的联系性和重叠关系越简单越好，最好是满足独立公理。

3）模块布局

布局和模块划分是紧密相关的。用二维或者三维图表显示功能分块建立的产品层级关系，建立产品概略布局图，一方面反映产品模块间的关系，另一方面还可以作为装配设计的“结构配置图”。外观的美学因素、人机工程学因素、结构的合理性等问题都需要在模块布局结构图中加以考虑。

4）模块及接口

模块布局图为定义模块间的“交互特性”提供了条件，需要进一步明确模块的划分、表述、实现和验证的各细节及整体过程，同时增进不同模块任务的设计师或设计团队间的交流与沟通。

为了明确模块间的交互特性，就要对模块间的物质、能量、信号的流动（交互）关系展开分析。这些基本元素的交流构成了模块间的交流，而交互方式和特征的不同划分出不同的模块界面。一般来说，模块间存在四种类型的交互形式[3-30]：

（1）物质交互：包括固态、液态、气态的物质模块之间传递关系。

（2）能量交互：包括模块各种形式的能量的传递关系。

（3）信息交互：包括各种信号系统（触觉、声音、电子化的、视觉等）在模块间的传递关系。

（4）空间交互：包括模块之间的几何尺寸、自由度、公差、约束等空间关系。

需要根据以上的定义，分别确定出各个模块间的交互关系。这一确定过程将在模块和实际部件的概念间产生联系，作为下一阶段设计的重要依据。

3. 模块数量和层次的均衡

功能元集合模块化的复杂机械产品模块化分解需要综合考虑模块层次、模块规模（内部复杂程度）与数量之间的关系，使之达到一个很好的平衡。分解跟产品的具体情况、规模及复杂程度有关，同时需要考虑模块集成时的安装和调试的难易程度。模块化分解时模块数量、层次跟模块规模是相互矛盾的因素。从模块操作角度而言，希望模块规模越小、每个模块中功能元越少，这样模块越小越易于进行设计、修改等处理；但模块越小，相应的模块数量就越多，模块集成时的不确定性越多，模块之间关系越复杂，实现最佳综合集成越困难；模块层次是降低模块间关系不确定因素的重要办法，将系统分成层次，每个层次由数量及大小适中的模块组成，这种有适当数量控制的层次结构，可使系统构成简化，条理分明，各个层次在技术上也易于处理。

模块数量与规模间的适度关系，有时也可通过制造费用的高低进行分析，在构成产品总成本的模块制造成本和模块集成成本之间达到一个均衡。模块数量多，单个模块规模小，制造成本低，但用于相互连接的费用就增大；反之，模块数量少，单个模块规模大，制造成本高，但连接费用小，模块制造成本与模块集成成本组成的产品总成本如图 3.10 所示，其中存在一个最佳模块数量和模块规模的区间。

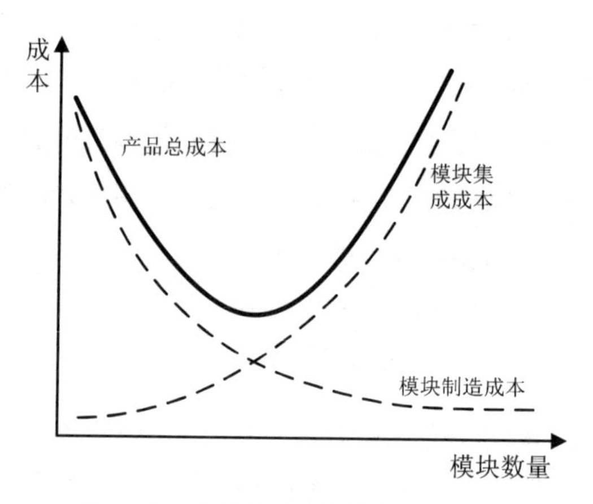

图 3.10　产品总成本与模块数量关系

Fig. 3.10 Product cost and the relationship between the number of modules

由于层次性是系统的基本特性，只要在系统模块化分解时结合功能树中的系统层次性，同时考虑模块数量、层次和规模关系，按层次依次展开，逐层向下分解，高层次以低层次为基础，由低层次组成，但高层次又带动和决定低层次的构成和发展。层次结构的模块化分解，不仅使复杂产品的构成简明，而且提高了产品系统的适应性和灵活性，使其易于扩展、调整和修改。

3.3.2　流图通路法

1. 功能依存性

功能元集合模块化法适宜于处理相对独立功能元构成的产品，功能元间相对独立，可以综合考虑模块数量、层次和规模，使之达到很好的均衡。实际上，功能之间很多时候并不完全独立，建立这种完全独立的功能结构模型需要花费很多的功夫而且需要很高的技巧。功能建模中更常见的现象是功能之间有一定的逻辑关系，有些功能之间存在“功能依存性”，即在某两个或多个功能分块之间，一种子功能的成立要以其他子功能的实现结果为前提的依赖性关系。

根据产品输入/输出功能模型，能量、物质/材料或信号的流动过程将完整地贯穿一个功能分支。产品设计的过程中，各项分任务间只存在并行、顺序或互补三种关系[3-31]。利用任务间的“并行和顺序”关系对产品功能和功能通路的进行分析，以前后子功能/功能元间的相互关联性为基础进行功能分类和整理，以此定义模块的方法。

2. 模块化方法

基于功能依存性，模块化方法有主干通路法、分支通路法、转换-传导法[3-32]。

1）主干通路法

主干通路法的特征为：主干通路法所定义的模块由当前通路检索过程的功能元构成，这一检索过程从系统交换（通路）的开端或入口开始，到系统交换（通路）的出口或切换点为止。

根据任务进程对各功能通路进行串行检查，将其中的功能元化归为模块，直到离开产品系统或者转入到其他的功能通路中。主干通路模块的形式可以通过图3.11来进行说明。在划分这种模块的图中，应当同时利用箭头关系表明模块与产品间的相互作用关系。

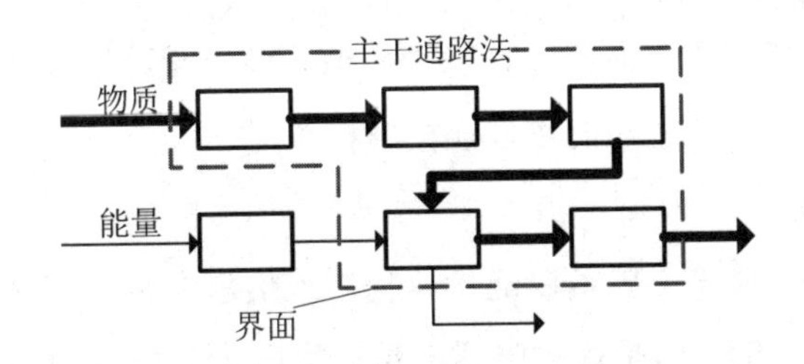

图3.11　主干通路法模块化分析

Fig. 3.11 Modular Analysis of the backbone path method

2）分支通路法

分支通路法（或分支法）根据定义的包含并行功能链分支结构功能通路的级别高低顺序进行串行检查，每一分支通路得到一个对应的潜在模块，如图3.12所示。模块由所在分支的各项功能元构成（每一分支是一条顺序功能链）。所有模块

（数目与分支数一致）都通过在主干上产生分支的最后一个子功能与产品系统发生联系和界面交互，所有穿过界面的通路构成了产品和模块之间的交互。

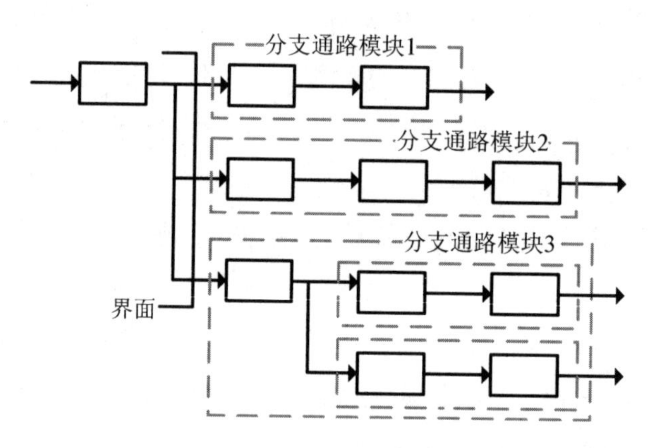

图 3.12 分支通路法模块化分析

Fig. 3.12 Modular analysis of the branch path method

分支通路法的特征为：分支通路中的模块由与功能通路分支相对应的并行功能链形成。各个模块都在主干通路分支点的位置与产品的其他整体部分发生作用和相互关系。

具有分支通路特性的产品往往表现为插槽式模块或总线模块的形式，模块界面边界表现为模块与产品之间的物理连接结构。

3）转换-传导法

主干通路和分支通路主要是以能量、物质或信息在整个产品系统中的流向为出发点进行模块化分解，但是很多时候能量、物质/材料、信息在系统中以不同形式流动，这就需要进行转换。转换-传导法以“转换子功能”和“转换传导功能链”为研究对象。转换子功能特点是将接受的物质流或能量流转换为另一种物质和能量形式，许多情况下可以形成单独的模块，如电动机、发电机、电热装置等。如果转换子功能处于与“传导子功能”（或物质通路中的传输子功能）的连续关系链中，形成的模块将涵盖这一功能链，这种“转换-传导模块”将转换能量或物质到另一种形式并加以执行。如果介于转换子功能与传导子功能之间有其他的子功能，并且这些子功能只对转换通路产生效用，则这一转换传导（传输）功能链形成模块。转换-传导法如图 3.13 所示。

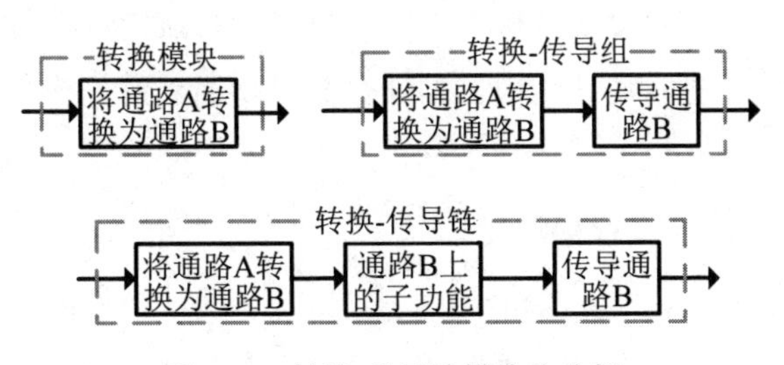

图 3.13　转换-传导法模块化分解

Fig. 3.13 Conversion - Modular decomposition conduction method

转换-传导模块的界面可以采取与主干通路模块相似的定义方法。以原始通路的形式进入，以转换通路的形式离开是这种模块界面交互的两种基本方式。另外，界面上也可能存在其他的通路交换形式。

转换-传导法的特征为：转换-传导法中的模块是由转换子功能、转换-传导功能组或转换传导功能链形成。

3. 模块化步骤

转换-传导法实现过程首先定义功能系统中的转换子功能；然后在转换之后的功能通路上检查是否有传导（传输）子功能；如果不存在，则转换子功能将单独形成一个模块；如果在转换子功能与传导子功能之间没有其他子功能存在，则该转换-传导（传输）功能将组成模块。流图通路法的应用步骤如图 3.14 所示。

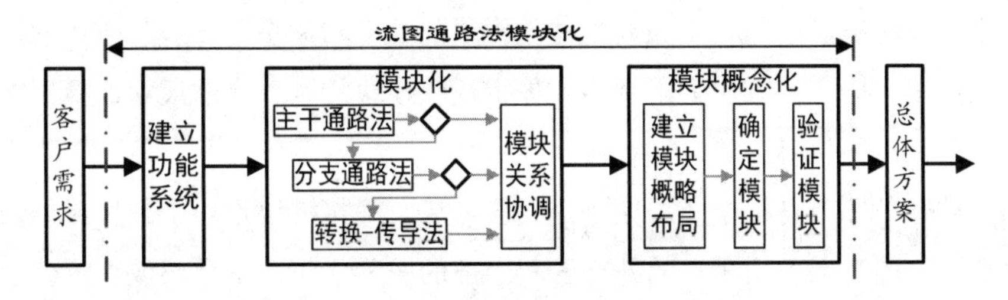

图 3.14　流图通路法模块化过程

Fig. 3.14 Modular process flow diagram path method

1）建立功能系统

建立产品功能系统（图）的关键是要以用户的需求为出发点来分析产品系统中的能量、物质、信息的交换过程，严格区分功能系统中的并行功能链和顺序功能链结构。以“普适功能基础结构”为开端会对功能系统的建立、完善和修改带来极大便利。

2）应用流图通路法进行模块化

依次将主干通路法、分支通路法、转换-传导法等流图通路方法运用到变换后的功能系统（图），形成模块。流图通路法的使用先后顺序十分重要，首先使用的主干通路法是由于它能够定义出功能通路发生分流之前的顺序功能链，主干通路法也可以完成连接分支模块的主干模块的定义。分支通路法在主干通路法之后使用，最后使用的是转换-传导法，定义出具有物质、能量形式转换特性的模块，并且建立前两者的模块之间的联系。

应用三种流图通路法形成的模块只是初始模块，模块之间关系的协调是非常重要的。协调模块之间的交互关系，清除重复及不合理模块、定义分支模块、提供可能的变换方案，获得模块交互关系列表及特异模块集合。

3）概念模块生成

生成上一步骤中所建立模块的概念。模块依据交互通路的方法而建立，因此这种方法相对于一般的基础模块设计法要先进和有效得多。模块概念生产包括三项主要任务。

第一项任务是建立产品的概略布局图。第二步完成后，模块间的相互作用和交互关系已经明确，产品概略布局是建立模块间的空间关系。一般用方块的形式代替模块作出布局图，方块大小规格大体上反映模块的预计物理尺寸，根据客户需求或产品使用环境对布局进行总体尺寸标注。

第二项任务环节是根据布局图确定相应模块。确定模块是一个查找或创新的过程。查找范围应当包括所有的外部的和内部的成分，产品是全部或者部分现有模块的有机集合；现有模块往往无法达到产品实现要求，对模块进行改变甚至是定义全新具有创新价值的模块也是很常见的。

第三项任务是验证得到的一系列的模块的可行性，从众多的可行性方案中择选出最优方案以将其演化为最终的产品。

3.4 基于DSM的聚类模块化分解

3.4.1 基于DSM的功能关系

功能分解细化得到的下级功能之间保持独立有助于产品的求解，但是由于功能分解是一个完全发散的过程，有时很难找到使得功能之间独立的分解方法，功能之间无法做到独立分解的另一个原因是功能之间存在依存关系，不可能分割成独立的功能单元。功能分解之后下级功能之间及功能元之间的关系可以分成两类：独立和存在依存关系。依存关系又可以分为两种：单向依存关系和双向依存关系，前者如A功能的存在是B功能实现的前提，则为B依存A，后者为AB功能之间相互为前提。功能间的关系决定功能实现的过程的关系，独立功能处理可以并行，单向依存是串行关系，功能双向依存则是耦合（反馈）关系；功能实现是一个求解映射过程，独立功能、单向依存功能和双向依存功能求解则分别为独立求解、解耦求解和耦合求解。

1. DSM表示的功能关系

1）DSM简述

依赖结构矩阵（Dependence Structure Matrix，DSM）包含了所有的构成活动和活动间的信息依赖关系，是关于项目的紧凑矩阵表示，是分析活动间的信息依赖关系的有效工具，尤其有利于复杂项目进行可视化分析[3-33]。

DSM是由有向图发展而来的，1967年，Donald V. Steward在参与开发核电站的工作中构思了DSM的概念，并于1981年用于对产品开发过程中的信息流进行规划和分析[3-34][3-35]。20世纪90年代，MIT的Eppinger等提出了对DSM模型进行技术结构的运算，不仅可以将任务重新排序，而且能将任务简化或分解成更小的任务，避免了过程的瓶颈问题[3-36][3-37]。

2）功能关系及 DSM 表示

依附结构矩阵以 N 阶方阵形式体现同类元素之间的交互关系。元素以相同顺序排列分别作为矩阵行和列形成矩阵。系统内元素之间关系有并行（parallel）、串行（sequential）、耦合（coupled）三类，用有向图和 DSM 方式表示两个元素之间的关系及其对应的功能关系和求解方式如图 3.15 所示。

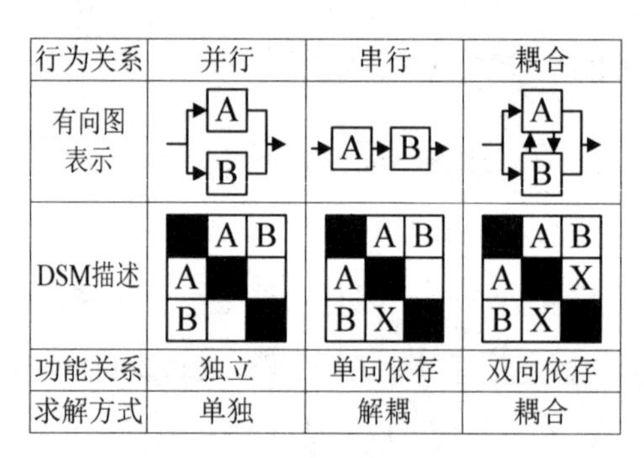

图 3.15　元素关系及表示

Fig. 3.15 Element relations and Expression

3）DSM 族

产品功能结构有层次之分，功能元、各个层次的次级功能、总功能之间构成树状功能体系，这种层次关系对应到反映功能关系的元素上，根据元素的层次结构分别建立依附结构矩阵，同一层次之间的元素形成一个矩阵，表达相互之间关系，下一个层次的矩阵对应着上一个层次中的一个点，将这些 DSM 按照层次关系进行集成，构成系统的矩阵族结构（Dependence Structure Matrix Family，DSMF）。

根据对象层次关系建立的 DSMF 构成关系如图 3.16 所示。左侧的分叉结构表示原始层次结构，根据该结构分别建立基于功能元、子功能、次级功能的 DSM。

DSMF 是一种树状结构，每个子矩阵分别对应着树结构中的子节点，其中根节点对应的子矩阵为根矩阵。系统化的 DSMF 是多种 DSM 结构的集成，综合了 DSM 描述的同级别元素关系外，还描述原色不同层次间的关系，弥补了传统 DSM 结构不能描述层次间信息的缺陷。

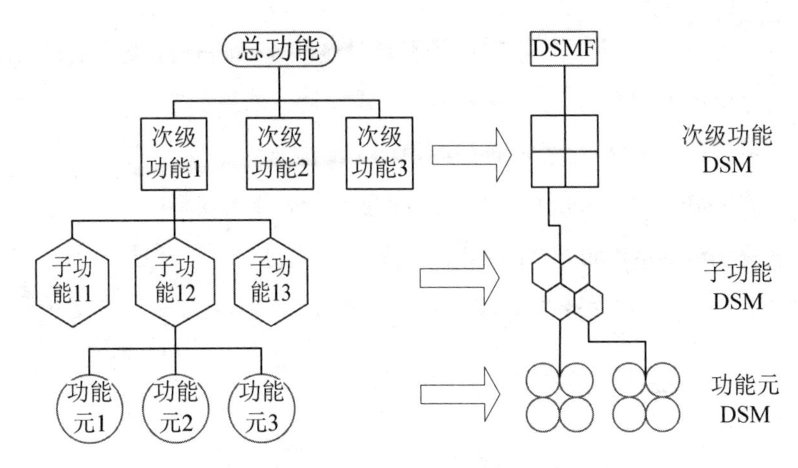

图 3.16　DSMF 构成关系示意图

Fig. 3.16 DSMF constitutes a relationship diagram

2. 元素分类

DSM 描述的表示功能体系的矩阵元素之间的关系是不同的，不同关系的处理方式不同，因此需要对 DSM 中的元素进行分类，以便对不同类型的行列元素采取不同的划分和评价方法。根据所属元素间的聚类关系将不同行列元素分为三类：独立元素、总线聚类元素、普通聚类元素（简称聚类元素）。

独立元素是跟其他行列元素没有关联或者联系很少、比较独立地存在于整个产品结构模型、不属于任何聚类的元素。独立元素的完成很少受到其他元素的影响，同时也很少影响其他元素的完成，因而可以并行于其他行列元素来完成。

总线聚类元素指的是与大部分其他行列元素都有联系的元素，这类元素类似于计算机中接口技术中的总线（bus）[3-38]，称之为总线聚类元素。一个产品 DSMF 模型中所有的总线类元素组成了一个总线聚类。产品开发总线类元素由对整个产品结构各组成部分都较为熟悉的团队来完成，以便于更好地协调总线类元素和其他元素之间的关系，有利于集成团队从整体上把握整个产品结构的完成。

聚类元素是产品结构 DSMF 模型中除了总线聚类之外的其他聚类元素。

3. 元素间联系

产品结构 DSMF 模型中行列元素之间的联系是多种多样的，为了得到更加准确和详细的行列元素之间联系的信息，需要对这些联系进行分类。根据文献[3-39]把行列元素之间的联系分成以下能量、物质或物料、信息和空间联系四类：

能量联系（energy）：元素之间交流和传递的能量；

物质或物料联系（material）：元素之间交流所需要的物料；

信息联系（information）：元素之间交流或传递的数据和信号；

空间联系（spatial）：元素物理空间和排列的结合，描述元素间的定位和连接。

3.4.2 基于功能的聚类模块化分解

1. DSM 计算规则——行列变换

对产品结构 DSM 模型进行的行列变换是由多个位置对调步骤组成。每一个位置对调步骤就是两个目标元素之间的位置对调。为了确保位置对调后行元素的排列顺序和列元素的排列顺序保持一致，同时又能够确保位置对调前后各行列元素之间的联系不会失真，需要通过分别对两个目标元素进行行元素对调和列元素对调来实现一个完整的位置对调步骤。进行行元素对调时，两个目标元素所在列的全部单元格也随之进行对调；进行列元素对调时，两个目标元素所在行的全部单元格也随之进行对调。

2. DSM 排序计算

排序是依附结构矩阵的最基本的计算，其他计算都是在排序计算之后进行的。排序计算是重新排列矩阵中的行和列元素的位置以尽可能消除矩阵中的环路，将矩阵中对角线以上的标记（或数值）调整到对角线以下的过程。排序计算获得一个比较光滑的信息流向，尽量保证每一个任务所需要的信息在此任务执行前就能获得。五个元素组成的 DSM 排序计算前后对象关系表达见表 3.1。

3. DSM 聚类计算

聚类就是对 DSM 矩阵中相互依赖的作业进行识别和分块的过程。复杂关系矩阵中元素数量越多，它们之间关系也就越复杂，处理难度也就相应越大。有时，排序计算后的矩阵中存在多个耦合信息，见表 3.2，但是可以将其进行分块，分块后信息关系集中在块内元素之间，这种作业识别和分块的过程就是聚类分析。

表 3.1 DSM 排序计算

Tab. 3.1 Sort calculation of dependence structure matrix

输入	甲	乙	丙	丁	戊
对象 甲	■				
对象 乙	×	■	×		×
对象 丙	×		■		
对象 丁	×	×	×	■	×
对象 戊	×		×		■

输出	甲	丙	戊	乙	丁
甲	■				
丙	×	■			
戊	×	×	■		
乙	×	×	×	■	
丁	×	×	×	×	■

表 3.2 依附结构矩阵的聚类计算

Tab. 3.2 Cluster calculation of dependence structure matrix

输入	A	B	C	D	E	F	G	H	I
A	A					×	×		
B		B			×				×
C	×		C	×		×			
D			×	D		×			
E		×			E			×	×
F	×		×	×		F	×		
G	×						G		
H						×		H	
I		×			×				I

输出	I	E	B	C	D	F	A	G	H
I	I	×	×						
E	×	E	×						
B	×	×	B						
C				C	×	×			
D				×	D	×			
F				×	×	F	×	×	×
A						×	A	×	×
G						×	×	G	×
H						×	×	×	H

从表 3.2 可以看出：第一块与第二块之间并没有交互的信息，第二块与第三块之间也没有交互的信息，第二块与第三块之间都包含了作业 F。从表中还可以看出，将一个大块分解成几个小块后变得简单化、直观化，降低了迭代次数、缩短了周期、提高了效率。

4. 聚类模块划分

功能元 DSM 模型由排列顺序相同的行列功能元组成的方阵，这些行列元素通过 DSM 聚类计算形成若干个聚类，其中的每一个聚类都与产品功能拓扑树中的次级功能节点相对应；整个产品 DSMF 模型与产品结构拓扑树中的产品总功能相对应[3-40]。图 3.17 中产品×××由 6 个功能元（C1，C2，…，C6）组成，其中 Cl 和 C3 两个零件形成聚类 1，C2、C4、C5 和 C6 形成聚类 2，聚类 1 和聚类 2 分别形成不同模块，该 DSM 模型对应的产品结构相应的树状结构如图 3.18 所示。

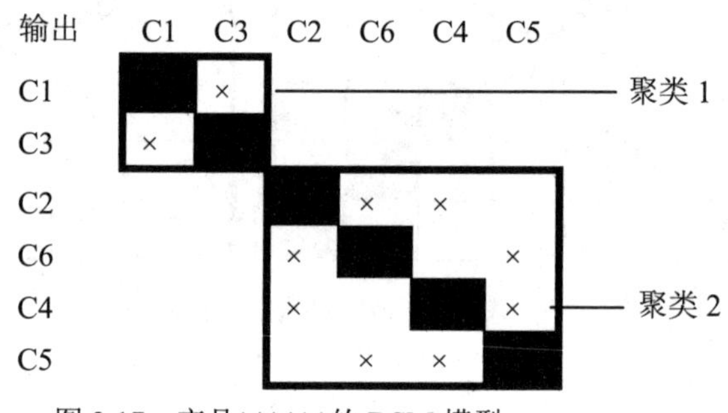

图 3.17　产品×××的 DSM 模型

Fig. 3.17 DSM model of product ×××

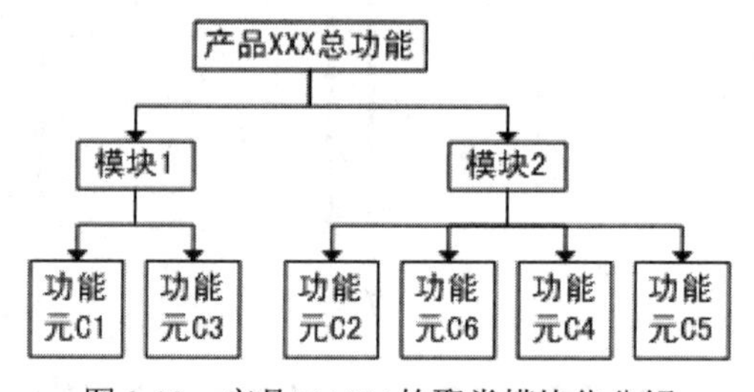

图 3.18　产品×××的聚类模块化分解

Fig. 3.18 Cluster modular decomposition of product×××

3.4.3　模糊聚类模块化分解

1. 数值 DSM

二元 DSM 常用“1”或者“×”表示存在关系，用“0”或者“空格”表示无关系。有时，不同元素之间关联程度不同，而且这种关系需要在 DSM 中反映，这就要采用数值 DSM（Numerical Design Structure Matrix，NDSM）。NDSM 可以包含多种属性，提供详细的信息之间的关系，不同系统的要素，以便更好地体现系统属性。

数值 DSM 中的数值表示关联程度或者重要程度，Steward[3-34]建议对 DSM 不使用单一的“×”标志，而是级别数量，级别数字范围从 1 到 9，工程师根据资料判定级别。简单的重要性评级可以用 1~3 构造区分不同层次的依赖程度[3-38]：1=高度依赖，2=中度依赖，3=低依赖性。另一种方法包括使用积极和消极的数值如-2，-1，1，2。高度耦合用 2 表示，程度低得多的耦合用 1 表示，空格表示没有耦合，负数指明系统工程师要确保没有耦合和相对强度的限制这种耦合[3-39]。

2. 模糊关系及建立（模糊程度依据）

经典数学以精确性为特征，对于事物描述采用“非此即彼”，或是“有”或是“没有”，然而现实生活中，“亦此亦彼”的现象及有关不确切概念却大量存在，这些现象及概念严格说来并无明确的界限和外延，称之为模糊现象及模糊概念。

在模糊集合中，元素间的隶属关系除了“是”或“否”两种情况外还存在中间过渡状态，用介于 0 和 1 之间的实数来表示隶属程度。指明各个元素的隶属集合，就等于指定了一个集合。当隶属于 0 和 1 之间值时，就是模糊集合。

用模糊集合表示 DSM 元素间的关系形成模糊 DSM，根据产品功能联系的类型，定义不同的元素间的模糊关系，从模块划分的角度出发，将功能元之间相关性分为下面几种类型：

1）功能相关性

功能相关性指在模块划分时，根据功能元或子功能之间的关联程度不同定义不同的 NDSM 的方法。这样便于关联紧密的功能元聚类在一起构成模块，有助于提高模块的功能独立性，其定义见表 3.3。

表 3.3　功能相关性定义
Tab.3.3 Definition of function relativity

相关程度描述	数值表示
一个功能元离开另一个功能元无法实现	1.0
一个功能元严重依存另一个功能元	0.5～0.9
一个功能元依存另一个功能元	0.1～0.4
功能元之间无任何关系	0

2）流图相关性

流图相关性是指功能元之间存在能量流、物质/材料流、信息流的传递等关系。能量流是指传递的驱动力、扭矩、动力、电流或液压力等，物质/材料流是指被处理的物料、工件、夹具或刀具传递等，信息流是指光、电等信号传递，其定义见表 3.4。

表 3.4 流图相关性定义
Tab.3.4 Definition of Flowchart relativity

物理相关描述	数值表示
存在着能量流的流图关系	1.0
存在着物料流的流图关系	0.6～0.9
存在着信息流的流图关系	0.1～0.5
无流图关系	0

3）空间相关性

空间相关性是指功能元的实现存在空间尺寸、几何关系上的物理连接、紧固、尺寸、垂直度、平行度和同轴度等空间关系。可以从连接关系与形位关系两个方面考虑零部件之间的几何相关性，其定义见表 3.5。

表 3.5 空间相关性定义
Tab.3.5 Definition of spatial relativity

联接相关描述	形位相关描述	相关数值
不可拆分（如焊接等）	同轴度、平行度、垂直度	1.0
连接紧密，难以拆分（如铆接等）	一般形位关系	0.6～0.9
易拆分的连接（螺纹、键槽等）	无固定关系	0.1～0.5
无连接关系	无形位关系	0

根据功能元之间功能相关性、流图相关性和空间相关性等准则，由设计师评定构造的功能相关矩阵 $\boldsymbol{R}_c$ 中每个元素数值

$$\boldsymbol{R}_c(i,j)=\begin{bmatrix} R_c(1,1) & R_c(1,2) & \dots & R_c(1,n) \\ R_c(2,1) & R_c(2,2) & \dots & R_c(2,n) \\ \dots & \dots & \dots & \dots \\ R_c(n,1) & R_c(n,2) & \dots & R_c(n,n) \end{bmatrix} \tag{3.1}$$

其中 $\boldsymbol{R}_c(i,j)$ 表示功能元 i，j 之间按照表 3.3～表 3.5 定义的功能相关性、流图相关性、空间相关性构造。定义元素关系时需要注意产品的功能结构及潜在的装配关系。

3. 模糊聚类模块划分

基于行列变换的聚类划分，具体步骤如下：

1）弱联系撕裂

行列元素之间的联系程度不同，对聚类划分的结果的影响程度也不同。为了降低聚类划分的复杂程度，防止弱联系对聚类结果的过分影响，在聚类划分之前对弱联系暂时进行撕裂处理（即把弱联系的联系强度暂时降为 0），在聚类划分完成后再把弱联系增加到模型中。

2）独立元素识别与分离

检查经过弱联系撕裂的产品结构 DSM 模型，找出行和列的单元格值均为 0 的元素，即独立元素。由于独立元素与其他行列元素没有任何联系，因此不需要进行聚类划分，因此可以暂时删除独立元素及其所在单元格，在聚类划分完成后，再将独立元素增加到 DSM 模型行列元素中。

3）行列变换

执行行列变换，使矩阵中非零单元格尽可能地靠近模型的对角线位置。

4）总线类元素的识别

找出那些与大部分其他行列元素都有联系的总线类元素。将总线类元素移到行列元素队列的最后，组成总线聚类。

5）聚类划分并通过行列变换

根据前面四步所得到的 DSM 模型中非零单元格的密集程度将非总线类元素划分成为若干个聚类，使得非零单元格尽量被包含在聚类内部，并使聚类数量合理。

6）把独立元素增加到DSM模型中行列元素队列的最前面

7）把被撕裂的弱联系增加到DSM模型中

通过基于行列变换的聚类划分方法得出的聚类划分方案常常并不唯一，基于行列变换聚类划分可以得到多种划分结果。

3.5 基于灵敏度的模块化分解

灵敏度也叫灵敏度导数（Sensitivity Derivative，SD），简单地说就是函数的导数。对灵敏度信息加以分析处理，可用于确定系统设计变量或参数对目标函数或约束函数的影响大小，确定各子系统之间的耦合强度等，并最终用于指导设计与搜索方向、辅助决策。本节应用灵敏度分析子系统之间的耦合关系，从而实现复杂机械产品的模块化分解。

3.5.1 灵敏度分析

灵敏度分析（Sensitivity Analysis，SA）是多学科设计优化（Multidisciplinary Design Optimization，MDO）的重要手段。MDO中，SA的含义是指对系统性能因设计变量或参数的变化显示出来的敏感程度的分析。灵敏度分析技术与分解技术、近似技术等相结合，是解决 MDO 的复杂性问题的重要手段，Arslan 与Carlson、Barthelemy与Bergen、Newman等论证了在MDO中应用SA技术的必要性[3-41]~[3-44]。

将 SA 技术应用于整个系统的多学科设计优化，称之为系统灵敏度分析（System Sensitivity Analysis，SSA）技术。与学科灵敏度不同，SSA采用高效、可分布式计算，代替了传统的系统级梯度计算。适于进行复杂的、高度耦合情况下的飞行器设计。按照灵敏度分析所处理的学科对象的不同，大体上可将其分为学科灵敏度分析与多学科灵敏度分析（即系统灵敏度分析）两大类，其中学科灵敏度分析是多学科灵敏度分析的基础，仅在单一学科中进行，研究设计变量或参数的变化对系统性能的影响程度，建立对学科设计过程的有效控制。

SA 方法有很多，最著名的耦合系统灵敏度计算方法是由 Sobieski 提出的方法：通过解全局灵敏度方程来得到系统的灵敏度信息，该方法被广泛应用于气动外形的灵敏度分析、多学科灵敏度分析、优化结果分析等[3-45]。

3.5.2　灵敏度计算

1. *基本要素*

产品设计是将产品从问题空间（功能空间）到解空间（属性空间）的映射。设计过程中的任何层次的概念化抽象和映射都属于设计对象（design object），设计对象描述包括三个基本要素：设计变量（design variable）、设计目标（design objective）和设计约束（design constraint）。设计约束和设计目标用设计变量的函数形式表示，统称为设计函数。

设计变量也叫设计参数（Design Parameter，DP），是用于描述工程系统的特征、在设计过程中可被设计者控制的一组相对独立的变量。设计变量可以分为系统设计变量（system design variable）和局部设计变量（local design variable）。系统设计变量在整个系统范围内起作用，而局部设计变量则只在某子系统范围内起作用，局部设计变量有时也称为学科变量（discipline variable）或子空间设计变量（subspace design variable）。

设计约束是系统在设计过程中必须满足的条件，分为等式约束和不等式约束，也可以分为系统约束（system constraints）和学科约束（discipline constraints）。系统约束是指在整个系统级所需要受到的约束，学科约束则是指在各个学科范围所要受到的约束[3-46]。

设计方法（design method）是指设计对象获取本身参数而采取的行为，以及表达和显示本身参数而需要的技术手段。获得某些参数、目标和约束函数值的一些手段称为方法，如有限元分析等；优化结果进行后处理时的手段也是方法，如结果显示与性能仿真等。

2. *灵敏度方程*

定义一个耦合系统，该系统可以分解为若干子系统，其行为可用解一组联立

方程所得的解向量 y 来描述。以由三个学科组成的非层次系统为例，导出灵敏度方程。三学科子系统组成的非层次系统如图 3.19 所示[3-41][3-47]。

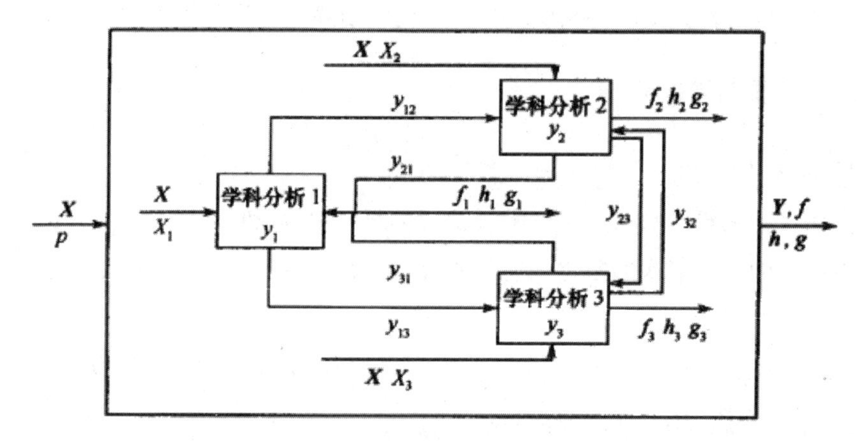

图 3.19　三学科非层次系统

Fig. 3.19 Non-hierarchical system of three disciplines

将非层次系统的三个组成学科分别用 Sub_1、Sub_2、Sub_3 来表示，则描述该复杂系统的耦合方程组可以表示为

$$\begin{cases} \mathrm{Sub}_1[(X,Y_2,Y_3),Y_1]=0 \\ \mathrm{Sub}_2[(X,Y_1,Y_3),Y_2]=0 \\ \mathrm{Sub}_3[(X,Y_1,Y_2),Y_3]=0 \end{cases} \tag{3.2}$$

式中　X——输入变量（设计变量、独立变量），第 k 个设计变量用 X_k 表示；

Y_i——第 i 个子系统的输出变量(i=1，2，3)。

由于式（3.2）中一个子系统的输入包含了其他子系统的输出，因而子系统之间存在着耦合关系。

式（3.2）中各子系统的解即为整个系统的解。整个系统可表示为

$$Y=f(X,Y) \tag{3.3}$$

或

$$F(X,Y)=0 \tag{3.4}$$

根据式（3.3）、式（3.4），则相对系统第 k 个设计变量的灵敏度方程为

$$\left\{\frac{DF}{DX_k}\right\}=\left\{\frac{\partial F}{\partial X_k}\right\}+\left[\frac{\partial F}{\partial Y}\right]\left\{\frac{\partial Y}{\partial X_k}\right\}=0 \tag{3.5}$$

或

$$\left[\frac{\partial F}{\partial Y}\right]\left\{\frac{\partial Y}{\partial X_k}\right\}=-\left\{\frac{\partial F}{\partial X_k}\right\} \tag{3.6}$$

由式（3.2）对各子系统的描述，可以求解出形如 $\boldsymbol{Y}_i$ 解向量，即

$$\boldsymbol{Y}=(\boldsymbol{Y}_1,\boldsymbol{Y}_2,\boldsymbol{Y}_3)^{\mathrm{T}} \tag{3.7}$$

解向量 $\boldsymbol{Y}$ 的各个分量可以表示为其他分量的函数（假定系统分解后的子系统输出不是自身的函数），即

$$\boldsymbol{Y}_1=f_1\left(X,Y_2,Y_3\right)=Y_1\left(X,Y_2,Y_3\right) \tag{3.8a}$$

$$\boldsymbol{Y}_2=f_2\left(X,Y_1,Y_3\right)=Y_2\left(X,Y_1,Y_3\right) \tag{3.8b}$$

$$\boldsymbol{Y}_3=f_1\left(X,Y_1,Y_2\right)=Y_3\left(X,Y_1,Y_2\right) \tag{3.8c}$$

基于式（3.8a），对系统的第 k 个设计变量求导，则可求得解向量的分量 Y_1 的灵敏度，即

$$\frac{dY_1}{dX_k}=\frac{\partial Y_1}{\partial Y_2}\frac{dY_2}{dX_k}+\frac{\partial Y_1}{\partial Y_3}\frac{dY_3}{dX_k}+\frac{\partial Y_1}{\partial X_k} \tag{3.9}$$

耦合系统解向量分量 $\boldsymbol{Y}_1$ 不仅跟输入变量有关，还受其他各子系统的影响，式（3.9）表明：相对一个输入变量的变动，输出 $\boldsymbol{Y}_1$ 的变动是其他各子系统的变动乘以它们各自对 $\boldsymbol{Y}_1$ 的影响（偏导数）以及该输入变量的变动引起的 $\boldsymbol{Y}_1$ 自身变动之和。

对系统中的全部子系统进行同样处理，即求得整个系统的全局灵敏度方程[3-41]（Global Sensitivity Equation，GSE）。

$$\begin{bmatrix} I & -\dfrac{\partial \boldsymbol{Y}_1}{\partial \boldsymbol{Y}_2} & -\dfrac{\partial \boldsymbol{Y}_1}{\partial \boldsymbol{Y}_2} \\ -\dfrac{\partial \boldsymbol{Y}_2}{\partial \boldsymbol{Y}_1} & I & -\dfrac{\partial \boldsymbol{Y}_2}{\partial \boldsymbol{Y}_3} \\ -\dfrac{\partial \boldsymbol{Y}_3}{\partial \boldsymbol{Y}_1} & -\dfrac{\partial \boldsymbol{Y}_3}{\partial \boldsymbol{Y}_2} & I \end{bmatrix}\begin{Bmatrix} \dfrac{d\boldsymbol{Y}_1}{dX_k} \\ \dfrac{d\boldsymbol{Y}_2}{dX_k} \\ \dfrac{d\boldsymbol{Y}_3}{dX_k} \end{Bmatrix}=\begin{Bmatrix} \dfrac{\partial \boldsymbol{Y}_1}{\partial X_k} \\ \dfrac{\partial \boldsymbol{Y}_2}{\partial X_k} \\ \dfrac{\partial \boldsymbol{Y}_3}{\partial X_k} \end{Bmatrix} \tag{3.10}$$

式（3.10）等号右边的向量称为局部灵敏度导数（Local Sensitivity Derivatives，LSD），包含了在不考虑其他变化影响的条件下，各子系统的输出响应相对于输入变量的偏灵敏度导数信息。每一个输入变量都有各自的 LSD，这属于系统灵敏度分析内容。式（3.10）等号左边的系数矩阵称为全局灵敏度矩阵（Global Sensitivity Matrix，GSM），包含各子系统的输出响应相对于其他子系统输出响应的偏灵敏度导数信息，表示各子系统之间的一种耦合关系。可以通过对子系统的分析计算得到 GSM 的各项值。式（3.10）等号左边的向量称为系统灵敏度向量（System Sensitivity Vector，SSV），包含各子系统所有输出对任意子系统任意输入变量的灵敏度导数信息。由于这些导数考虑了各子系统之间的耦合，因而是全导数。子系统级的分析计算给定了 LSD 和 GSM，这样就可以通过解线性方程式（3.10）得到 SSV。

3. 耦合关系处理

1）系统耦合

从设计对象描述的三要素来考察设计过程中的耦合，可以将耦合分为目标耦合、约束耦合和变量耦合。目标耦合是指系统总体目标并非为各子系统目标的简单叠加，而是系统整体设计变量的一般函数；约束耦合则表示从系统整体考虑时，某些约束不是某个子系统设计变量的函数，而是整个系统设计变量的一般函数，系统整体约束并不是将所有子系统约束的简单相加；无论是目标耦合还是约束耦合，最终都是通过变量来实现耦合的。因此，变量耦合是设计对象的根本。

设计变量包括系统变量和相关变量两类，前者为每个子系统都需要对其进行搜索的变量，而后者为某子系统计算之后对其他子系统产生影响的因素，也就是说系统变量为整个系统体系的纵向耦合，而相关变量则体现了子系统间的横向耦合。系统变量在层次型系统和非层次型系统中都会存在，因此无论哪类系统，系统变量协调是必然的。相关变量往往是引起各子系统求解次序的重要因素。对于耦合的子系统 A 和子系统 B 之间存在相互的相关变量，即有从 A 到 B 的相关变量，也有从 B 到 A 的相关变量，那么先求 A 还是先求 B 就难以判断。传统的处理方法是先计算 A 再计算 B，然后再来计算 A，……，迭代反复进行，子系统数量很多或者迭代本身并不收敛的情况下，这种处理方式效率低，也不可行。如果将所有相互耦合的子系统合并，最终会造成“维数灾难”，使得分析及求解仍会难以进行。因此，对相关变量的处理尤为重要。

2）耦合矩阵

子系统之间的相关程度，不能根据相关变量个数来判断，需根据各相关变量影响的程度进行综合考虑。如果子系统之间不存在关联，只存在系统变量时，则只需要对系统变量进行协调即可。系统变量往往由系统整体考虑，在协同寻优过程中的某一固定时刻，协调后的系统变量值在各学科中是一致的，因此在考虑子系统之间相关变量 y_i 的关系及讨论对其处理时，尽管相关变量与系统变量之间可能也会存在函数关系，但可假设这种函数中系统变量为常量。考察子系统输出的相关变量，按其组成成分或来源成分划分，主要有以下三大类：

第一类：除系统变量外仅与该子系统的独立变量有关，表示为 $y^{ij}=f(x,x^i)$；

第二类：除系统变量外仅与来源于其他子系统的相关变量有关，表示为 $y^{ij}=f(x,y^{ki})$；

第三类：除系统变量外与以上两者都有关，表示为 $y^{ij}=f(x,x^i,y^{ki})$ 。

对于相关变量的处理，理想的方法是将外因转换为内因，将子系统外部输入的相关变量转换为该学科的独立变量，随该子系统独立变量的变化而变化，并且能保证相关变量值的有效性和一致性。利用 GSE 中的 GSM，通过变换可以得到相关变量的影响关系。

3.5.3 灵敏度分析步骤

基于灵敏度的模块化分解，在客户需求分析的基础上，对产品功能进行参数化建模，确定目标、参数和约束，然后建立灵敏度方程，通过灵敏度矩阵变换，进行模块化分解，基于灵敏度模块化分解步骤如图 3.20 所示。

1）参数化建模

设计对象的参数描述是灵敏度分析中确定客户需求后的关键一步，参数不仅是设计对象的基本元素，同时是设计对象之间的相互关系（层次关系、输入/输出关系）

的体现。从不同角度，参数可以分为多种类型。根据模块定义，模块参数分为五类，参数化过程中常常将明显特征进行参数化。设计参数分为变量和常量两类。

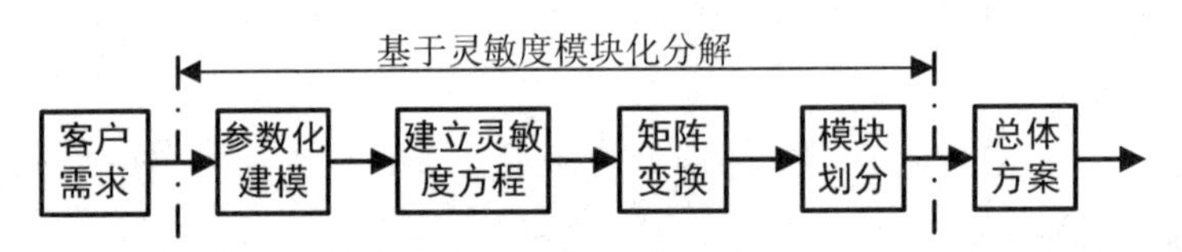

图 3.20　基于灵敏度的产品模块化分解

Fig. 3.20 Modular decomposition based on Sensitivity Analysis

设计目标和约束是设计参数的函数，即为目标函数和约束函数，又统称为设计函数。目标是设计寻优对象，约束是设计限制条件，目标和约束有时可相互转换。一般情况下，选用性能函数作为设计目标函数。

设计参数的选取和基于参数确定目标函数和约束函数是参数化建模的关键内容，参数选取和函数表达是一个相互影响的过程。

2）建立灵敏度方程

根据系统中子系统跟输入变量和其他子系统关系式（3.9）求得整个系统的全局灵敏度方程。反映了不考虑其他变化影响的条件下，各子系统的输出响应相对于输入变量的偏灵敏度导数信息；各子系统间的耦合关系即子系统的输出响应对于其他子系统输出响应；各子系统所有输出对任意子系统任意输入变量的灵敏度导数信息。

QFD 以顾客需求为依据，采用多层次演绎分析方式，将顾客需求映射成设计要求、生产要求、工艺要求等各阶段技术要求。QFD 映射过程体现了不同参数间的关系，对于建立灵敏度方程有一定的作用。

3）矩阵变换

矩阵变换的目标是简化耦合关系。矩阵变换的方法跟 DSM 矩阵一样，通过行列变化进行排序、聚类等计算。矩阵变换跟方程变换结合进行。

4）模块划分

基于灵敏度矩阵的模块化划分主要依据矩阵变换结果进行，划分方法跟 DSM 相同，还可以对灵敏度矩阵进行模糊聚类分析，进一步优化模块划分。

3.6　本章小结

将复杂难以处理的系统转换为简单容易处理的系统是复杂系统分解的根本目的。本章系统总结了系统分解的相关基础内容，重点分析复杂机械产品模块化分解的对象、前提、基础和功能建模方法，基于看得见的设计规则和看不见的设计规则以模块为界把系统分解为模块外部和模块内部，提出不同类型系统的模块化分解的方法，具体而言：

（1）复杂机械产品的功能体系是分解的对象，需求分析是分解的前提，功能建模是分解的基础。系统总结了功能分析系统技术、功能流图、质量屋三种功能建模方法。不同的功能建模方法是产品系统模块化分解的基础。

（2）功能元集合法和流图通路法是两种基于功能的系统模块化分解方法，可以用来进行层次型系统的模块化分解，一般情况下满足功能独立原则，不同之处是前者采用功能元求解和组合的方式实现系统，而后者是通过分析系统中的能量流、物质流和信息流进行系统的模块化分解和集成。

（3）基于 DSM 的聚类模块化分解方法是进行存在功能依存关系和功能耦合关系的系统模块化分解的方法，能量、物质、信息和空间是联系要素，也是聚类的依据，DSM 矩阵运算则是分解的关键所在。

（4）基于灵敏度的模块化分解是一种基于多学科设计优化的方法，参数化是运算基础，参数选取、目标和约束的参数表达是关键，灵敏度方程体现了各参数间的关系。参数化对系统整体及子系统局部优化效果是显著的，尤其对于复杂耦合系统。

参考文献

[3-1]　Kron GA. Method of solving a very large hysical in easy stages[J]. Proceedings of the Institute of Radio Engineers, 1954, 42 (4): 680-686.

[3-2] John Son R.C. A Method of Optimal Design Extended to Systems of Mechanical Elements Having Interrelated Boundary Effects[D]. Rohester N.Y.: Department of Mechanical Engineering, University of Rohester, 1984.

[3-3] Wismer D.A. Optimization Methods for Large Scale System [M]. New York: McGraw-Hill Book Company, 1971:31-123.

[3-4] Lasdon L.S. Optimization Theory for Large Systems [M]. London: The Macmillan Company, 1970:50-160.

[3-5] Douglas J.M. Conceptual Design of Chemical Processes[M]. New York: McGraw-Hill Book Co., 1988:101-256.

[3-6] Steward D.C. Systems Analysis and Management: Structure, Strategy, and Design[M]. New York: Petroce lliBooks, Inc, 1981:25-89.

[3-7] 黎水平，贺建军. 基于分解的复杂机械系统多级设计方法[J]. 工程设计学报，2006, 13(3):129-134.

[3-8] Nelson S.A., Papalambros P.Y. Sequentially Decomposed Programming[J]. AIAA Journal, 1997, 35(7):1209-1216

[3-9] Erixon G, Yxkull V.A., Arnstrom A. Modularity - the basis for product and factory reengineering[J]. CIRP Annals Manufacturing Technology, 1996, 45(1): 1-6.

[3-10] 王正中. 关于复杂性研究——编者的话[J]. 系统仿真学报, 2002, 14(11).

[3-11] Baldwin C. Y., Clark K. B. Managing in an Age of Modularity[J]. Harvard Business Review, 1997, 75(5):84-93.

[3-12] Parashar S, Bloebaum C. L. Decision support tool for multidisciplinary design optimization (MDO) using multi-domain decomposition. 46th AIAA/ASME/ASCE/AHS/ASC Structures, Structural Dynamics & Materials Conference. Austin, Texas: AIAA, 18-21 April 2005, AIAA 2005-2200

[3-13] 青木昌彦，安藤晴彦. 模块时代:新产业结构的本质[M].上海:上海远东出版社，2003:36-39.

[3-14] Haftka R. T., Watson L. T. Decomposition theory for multidisciplinary design

optimization problems with mixed Integer quasiseparable subsystems[J]. Optimization Engineering, 2006(7): 135-149.

[3-15] 龚春林，谷良贤，袁建平．基于系统分解的多学科集成设计过程与工具[J]．计算机集成制造系统, 2006, 12(3): 334-338.

[3-16] Urban Glen L., Von Hippel Eric. Lead User Analyses for the Development of New Industrial Products[J]. Management Science, 1988, 34(5):569-582.

[3-17] Dixon J., Poli C. Engineering design and design for manufacturing - a structured approach[M]. Fieldstone Publishing Conway, MA. 1995.

[3-18] Sembugamoorthy V, Chandrasekaran B. Functional representation of device and compilation of diagnostic problem solving systems. Kolodner J and Riesbeck C Eds. Experience, Memory and Reasoning,Erlbaum, Hillsdale, NJ. 1986:47-73.

[3-19] Value Analysis Incorporated(VAI). Value analysis, value engineering, and value management. Clifton Park16, NY:VAI, 1993.

[3-20] Rodenacker W.G. Methodisches Konstruieren[M]. Springer Verlag, 1976

[3-21] [德]Koller R. 机械设计方法学[M]．党志梁，田世亭，唐静，等译．北京：科学出版社, 1990.

[3-22] Pahl G., Beitz W. Engineering design: a systematic approach[M]. London: Springer-Verlag, 1988.

[3-23] [瑞士]Hubka V.,等．工程设计原理[M]．刘伟烈，刁元康译．北京：机械工业出版社, 1989.

[3-24] Otto K., Wood K. A reverse engineering and redesign methodology for product evolution. Proceeding of the 1996 ASME Design Theory and Methodology Conference, 1996.

[3-25] Pahl G, Beitz W. Engineering design: a systematic approach[M]. London: Springer-Verlag, 1991.

[3-26] 车阿大，杨明顺．质量功能配置方法及应用[M]．北京：电子工业出版社, 2008.

[3-27] Hauser J.R., Clausing D. The House if Quality[J]. Harvard Business Review, 1988: 63-73.

[3-28] Cutherell D.A. Product Architecture. In The PDMA handbook of new product development, edited by M.D. Rosenau. New York: Wiley, 1996.

[3-29] Li Mengqi;Li Dongying.Modularize Decomposition of Function Cell Aggregation and Application[A]. Consumer Electronics, Communications and Networks 2011(CECNet2011), April 16-18, 2011: 478-481.

[3-30] Ulrich K.T. The Role of Product Architecture in the Manufacturing Firm[J]. Research Policy, 1995, 24:418-440.

[3-31]]Yassine, Ali A. An Introduction to Modeling and Analyzing Complex Product Development Processes Using the Design Structure Matrix (DSM) Method, Quaderni di Management (Italian Management Review), 2004,(9):71-88.

[3-32] Li Mengqi;Li Dongying. Modular Decomposition of Flow Chart Path Method and its Application[J]. Advanced Materials Research, 2012,418-420: 2206-2210.

[3-33] Steward D.V. The design structure system[M]. Document 67APE6, General Electric, Schenectady, NY, 1967(9).

[3-34] Steward D.V. The design structure system: A method for managing the design of complex systems[J]. IEEE Trans Eng Management EM-28, 1981, (3): 71-74.

[3-35] Pimmler T U, Eppinger S D. Integration analysis of product decompositions. ASME 6th International Conference on Design Theory and Methodology, Minneapolics, 1994,9:343-351.

[3-36] Eppinger S D, Whitney D E, Smith R P, et al. A model-based method for organizing tasks in product development. Research in Engineering Design, 1994, 6(1):1-13.

[3-37] Smarman D M., Yassine A A. Characterizing complex product architectures[J]. Systems Engineering, 2004, 7(1):35-60.

[3-38] Browning, Tyson R. Applying the Design Structure Matrix to System Decomposition and Integration Problems: A Review and New Directions[J]. IEEE Transactions on Engineering management, 2001,48(3):292-306.

[3-39] Browning T. R. The design structure matrix. in Technology Management Handbook, R.

C. Dorf, Ed. Boca Raton, FL: Chapman & Hall/CRCnet-BASE, 1999: 103–111.

[3-40] Li Mengqi;Li Dongying. Modular Decomposition Method Based on Design Structure Matrix and Application[J].TELKOMNIKA, 2012,10(8): 2169-2175.

[3-41] 王振国，陈小前，罗文彩，等. 飞行器多学科设计优化理论与应用研究[M]. 北京：国防工业出版社, 2006.

[3-42] Arslan A.E., Carlson L.A. Integrated Determination of Sensitivity Derivatives for an Aeroelastic Transonic Wing[N]. AIAA Paper 94-4400, 1994.

[3-43] Barthelemy J.-F.M., Bergen F.D. Shape Sensitivity Analysis of Wing Static Aeroelastic Characteristics[R]. NASA TP-2808, May 1988.

[3-44] Newman III J.C. Taylor III A.C. Three-Dimensional Aerodynamic Shape Sensitivity Analysis and Design Optimization Using the Euler Equations on Unstructured Grids. Proc.14th AIAA Applied Aerodynamics Conference AIAA Paper 96-2464, June 1996.

[3-45] Sobieszczanski-Sobieski, J. The Case for Aerodynamic Sensitivity Analysis[J] Presents at the NASA/VPI&SU Symposium on Sensitivity Analysis in Engineering, 1986:25-26.

[3-46] 钟毅芳，陈柏鸿，王周宏. 多学科综合优化设计原理和方法[M]. 武汉：华中科技大学出版社, 2006.

[3-47] Sobieszczanski-Sobieski, J. Sensitivity Analysis and Multidusciplinary Optimization for Aircraft Design: Recent Advances and Results[J]. J. of Aircraft, 1990, 27(12):993-1001.

第 4 章　模块求解

设计是对以前从未解决的问题建立和定义解决方法与相关结构，或者对以前已经解决的问题建立和定义新的解决方法，也就是求解或优化[4-1]。设计生产过程实质上是满足用户需求的产品求解及实现过程，即找到符合要求的解，并在物理上实现。

产品制造包括设计和生产两个主要阶段，相应的产品求解也分为以图纸和文档形式体现的理论解和以物理结构体现的实物解两种形式。生产决定于设计，设计图纸和设计文档是生产的基础。

模块求解是获得模块的内部参数，系统分解获得的模块是相对独立的模块，为了便于模块求解和求解过程的表达，可以将这种模块进一步分解成小模块，这样的小模块是虚拟模块，或称为隐模块。

本章的内容是将模块化分解后的明确外部参数的模块进行设计与生产，获得模块的理论与实物解，本章的基本内容框架如图 4.1 所示。

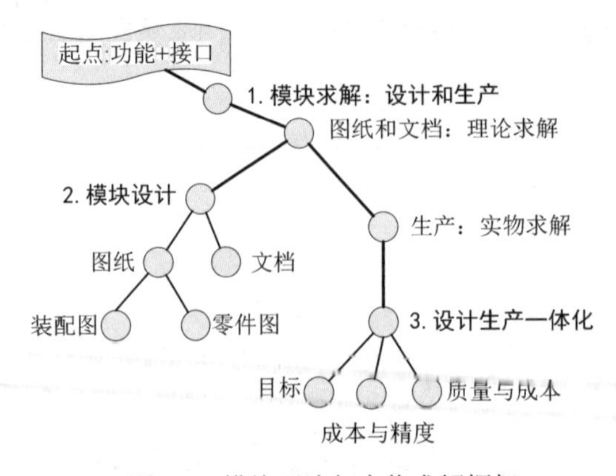

图 4.1　模块理论与实物求解框架

Fig. 4.1 Framework of module solving by theory and physical

4.1　模块求解概述

4.1.1　求解形式——设计与生产

《辞海》中“设计”是“在正式做某项工作之前，根据一定目的和要求，预先制定方法、图样等”的活动。设计本质上是一个信息的输入转换过程，整个过程可看作是通过信息的收集、存储、转换、传递、处理、再生和合成，将功能要求转化为实物结构过程。

工程设计是运用从自然科学中获得的知识和实践经验，构成一个有效、可行、适用的系统，或说是依靠人类文明积累起来的科学技术知识，去满足人类社会需求的一种有目的活动。工程设计涉及物质世界三要素——物料、能量、信息的转换。机械系统设计过程实质上是信息为主的输入输出转换过程，并获得以能量转换为主的机械系统实物结构，以适应物料转换为主的技术过程的需要。这个转变是在人和设计工具共同作用下实现的。作业的对象是信息，信息的输入是市场研究与技术研究资料、规定的设计任务与拟定的设计要求，输出则是设计图纸、技术说明书、使用说明书等。

根据分解过程中模块或者模块子系统之间的关系，模块求解分为独立模块求解优化和耦合模块求解优化两类，前者只要在模块范围内求得最优解，而后者要超越模块范围求解，在系统最优的情况下模块自身并不一定最优。通过将耦合模块的耦合关系作为模块求解的约束条件，这样耦合模块也转变为相对独立的模块，完全独立模块是耦合的一种特例。耦合模块求解模型为

$$
\begin{aligned}
&\text{Opt.}M_{ij}(R,S,G)\\
&\text{s.t.}\begin{cases}
f(\text{Function})\\
f(\text{Performance})\\
f(\text{Input/Output})\\
f(\text{Couple})
\end{cases}
\end{aligned}
\tag{4.1}
$$

耦合约束下的模块求解是在模块范围内求得最优解，功能、性能、接口、耦合关系是模块求解及优化约束条件，是等式约束或者不等式约束，耦合模块的约束条件不一定是确定函数，但独立模块的约束条件是确定函数。模块设计和生产的过程如图 4.2 所示。

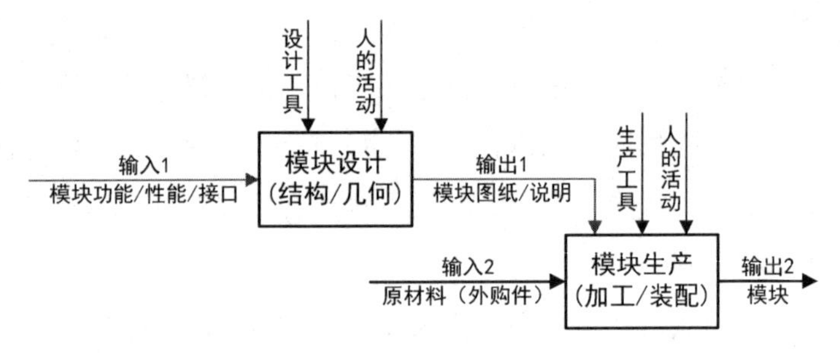

图 4.2　模块产品设计与生产转换

Fig. 4.2 Design and production conversion of module product

4.1.2　求解内容

理论求解和实物求解是模块求解的两个阶段。理论求解是用图纸和文档的方式表达模块，实物求解是以物理结构的实物方式实现模块，物理解是理论解的实物表达，因此理论解对解描述更广泛、全面和具有逻辑性。

以工程设计为支撑的理论求解，包括的内容很多，而且根据对象的不同具体内容差异较大，并没有统一的规范性文件，大致而言要进行原理设计或绘制机构运动简图、设计计算、工程图绘制、使用说明书、标准件明细表等。本文从工程设计输出文件及包含的内容为基础逆向确定工程设计内容和顺序。

工程设计输出文件，没有统一国际标准和国家标准，因行业和企业而异，但就机械工程设计而言，文件及内容有其相同或类似之处，根据 VDI 和 CDM 的描述[4-2]，结合我国相关手册[4-3][4-4]归纳总结，工程设计内容主要包括以下几个方面，设计输出准则及内容如图 4.3 所示。

（1）工程图集：加工零部件和无图纸零部件的相关信息，包括装配图、零件图、图纸目录或统计表格、无图纸外购件或标准件清单及技术要求、检验要求等。

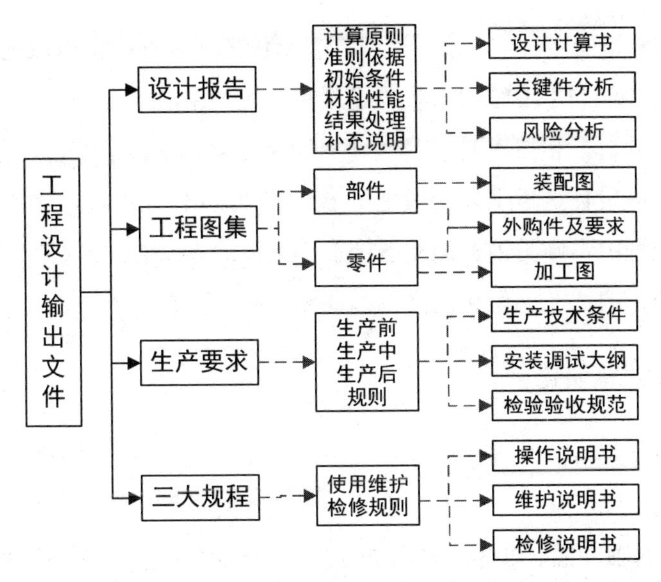

图 4.3　设计输出主要内容

Fig. 4.3 Main content of design output

（2）设计报告：体现理论求解采用的各种原则、依据、计算准则、初始条件、材料性能、结果、各种说明等内容，包括设计计算书、关键件分析、风险分析等。

（3）三大规程：使用说明书、维护说明书、检修说明书。

（4）生产要求：提出加工生产前、生产中、生产后期要遵循的各种规则及要求，包括生产制造技术条件与要求、安装调试大纲、验收标准规范等。

4.2　理论求解模块化

设计报告和工程图集是设计输出的主体，工程图集是设计计算结果和加工生产要求的工程化体现。

设计图纸是设计部门提交给生产部门的重要技术文件，是指导生产的关键依据。设计图纸包括零件图和装配图两类：表达零件的图样是零件图；表达机器或部件的图样是装配图，表示部件的装配图称为部件装配图，表示完整机器的图样则为总装配图。零件图涉及机器或部件对零件的要求及结构和制造的可能性和合理性，是制造和检验零件的依据。装配图表示机器或部件的工作原理、性能要求、产品或部件及零件的主要结构形状、连接和装配关系，以及在装配、检验、安装时所需要的尺寸数据和技术要求。

在进行产品设计过程中，一般先画出装配图，然后根据装配图绘制零件图；在产品制造过程中，则是根据装配图把加工制成的零件装配成机器或部件；同时装配图是安装、调试、操作和检修机器或部件的重要参考资料。

4.2.1 图纸模块化

图纸模块化是将图纸进一步分解成小的单元模块。图纸是由线条、符号和文字组成，一张图纸表达单一对象。表达图纸内容的线条、符号和文字的功能是不同的，且是相对独立的。对这些要素进行集合分析可以将其分成更小的功能模块。组成图纸的这些功能相对独立的小模块，表达上却常常分散在图纸的不同位置且常常相互之间交错，物理上（图纸空间上）难以做到各自分隔，因而这些模块是虚拟模块（隐模块）。图纸模块化分为零件图模块化和装配图模块化。

图纸表达的内容是图纸模块化的依据，图纸模块化是在图纸表达内容的基础上进行功能集合而实现。

1. 零件图模块化

零件图是零件制造和检验的依据，必要的图形、尺寸、技术要求和图纸信息是构成零件图的必须内容，具体内容包括[4-3][4-4]：

（1）一组图形：用图形（包括视图、剖视图、断面图、局部方法等）完整、清晰、简洁地表达零件的内外结构形状；

（2）完整的尺寸：用一组尺寸正确、完整、清晰、合理地标注零件的结构形状及其相对位置大小；

（3）技术要求：用规定的符号、代号、标记、数字、字母和文字简明、准确地表达出零件生产、检验和使用时应达到的技术指标和要求，如表面粗糙度、尺寸公差、形位公差、表面、材料热处理、去毛刺、锐边倒钝等；

（4）标题栏：包括单位名称、零件名称、材料、质量、比例、图号，以及设计、审核、批准人员的签名与日期等。

根据零件图的内容，功能集合成图纸基本信息、视图表达、主体尺寸、精度、技术要求等五个模块，模块划分、模块内容及在工程图纸中的表示如图 4.4 所示。

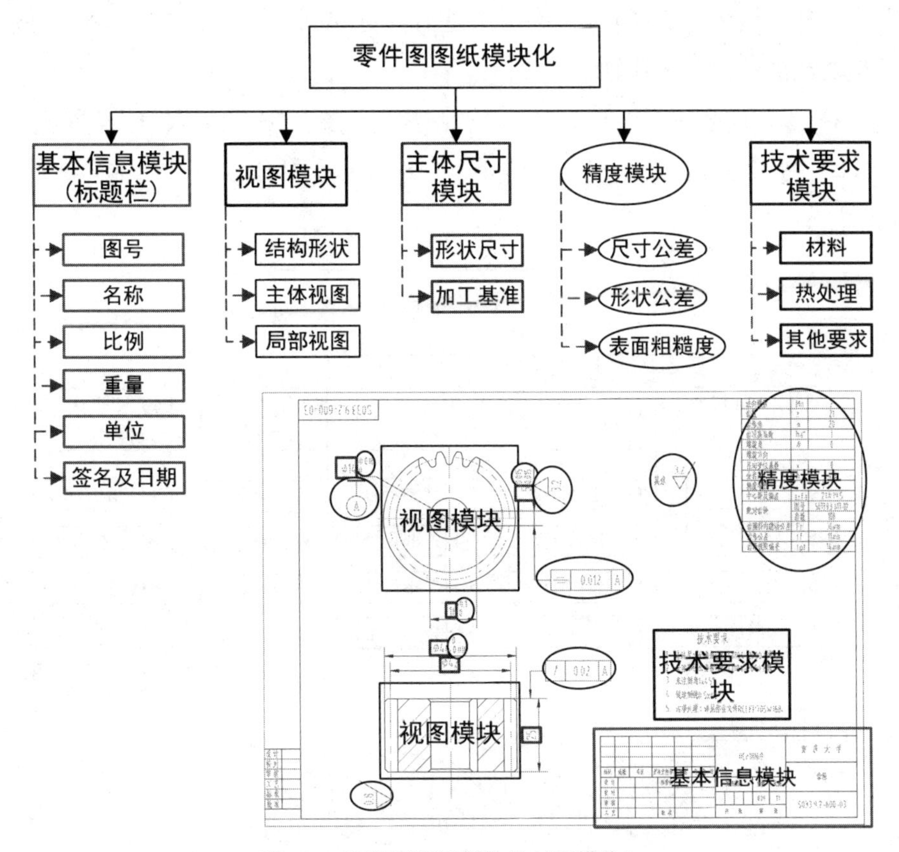

图 4.4　零件图图纸模块化（隐模块）

Fig. 4.4 Part drawings modularize (hidden module)

2. 装配图模块化

装配图应表明机器或部件的工作原理、必要的尺寸、各零件之间的相对位置、连接方式、装配关系、有关的技术要求、零件的序号与明细栏、标题栏等。

装配图的内容包括一组视图、必要的尺寸、技术要求、序号、明细栏和标题栏等[4-3][4-4]，通过对其内容聚类分析，分为四个模块，如图 4.5 所示。

（1）图纸基本信息：名称、图号、比例、单位、设计、校对、审核人员及日期等信息。

（2）视图及主体尺寸：视图主要体现机器或者部件组成位置关系、连接方式，以及为清楚表达所需的序号和明细表，主体尺寸包括规格（性能）尺寸、外形尺寸、机器或部件安装尺寸等。

（3）零件间的配合关系与尺寸：包括配合关系、配合精度、位置公差。

（4）技术要求：装配前、装配中、装配完成、整体安装、调试、检验、维护等。

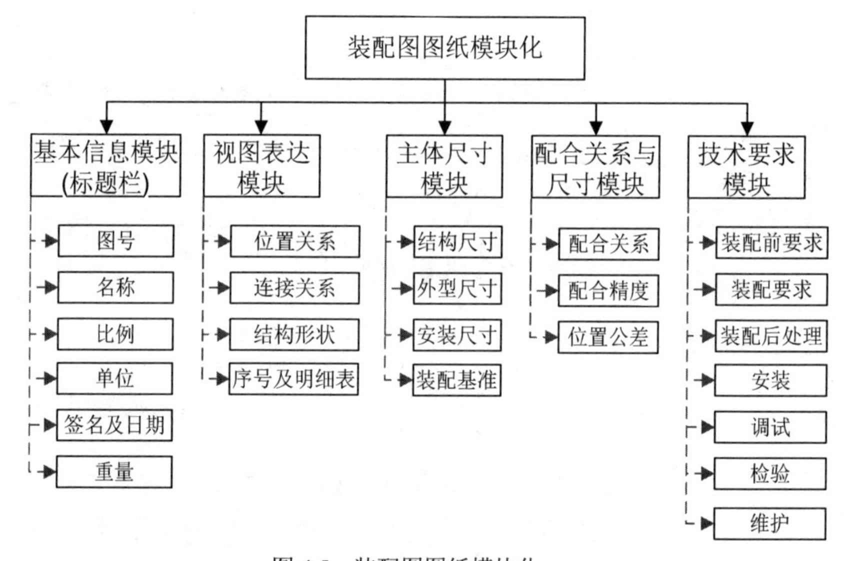

图 4.5 装配图图纸模块化

Fig. 4.5 Modularize of assembly drawings

4.2.2 报告模块化

在项目的最后阶段，通常要写一份正式的技术报告。设计报告包括工程设计过程中的计算原则、公式、初始条件、问题和处理、结果及其相应说明等内容。一般而言，设计报告并不公开发表，只是设计单位内部审核及用户进行审核。

设计报告通常是一份完整的独立文件，可供不同背景的人们阅读，因此要求有足够的细节。报告的质量通常会在读者脑中形成一个印象，这个印象很大程度上决定了读者对产品质量的认识。虽然再好的报告也不能掩盖草率研究的事实，但确实有很多优秀的设计没有得到相应的关注和评价，原因是介绍得不够仔细。一份典型的正式报告包括：①封面（标题、作者、地址）、摘要、目录、图表列表；②介绍：背景、客户需求；③设计过程；④讨论和结论；⑤参考文献、附录等[4-5]。

根据设计报告内容形成时间的不同，将设计报告分为：基本信息模块（封面、内容提要、目录、图表列表等）、功能与需求分析模块、原理与性能模块、主体尺寸模块、生产工艺及要求模块、参考文献及附录模块等，如图 4.6 所示。

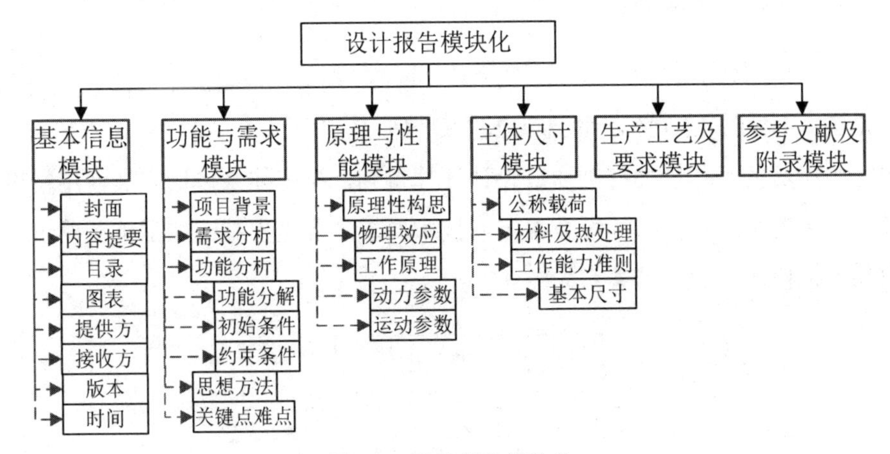

图 4.6　设计报告模块化

Fig. 4.6 Modularize of design reporter

（1）基本信息模块：主要写明报告的基本信息——封面、内容提要、目录及图表、提供方、接收方、完成时间、版本信息等。

（2）功能与需求模块：主要体现项目背景、需求分析、功能分析分解、设计初始条件、约束条件、设计思想和方法、技术关键点和难点等。

（3）原理与性能模块：针对功能要求提出原理性构思，探索实现功能的物理效应和工作原理，通过比较不同工作原理进行选优；根据功能要求和工作原理确定性能参数，原动机参数（功率、转速、线速度等），运动学计算，确定运动构件的运动参数（转速、速度、加速度等）。

（4）主体尺寸模块：结合各部分的结构及运动参数，计算各主要零件所受载荷的大小及特性，是公称（或名义）载荷；依据选用材料性能及工作能力准则，参照零、部件的失效情况、工作特性、环境条件等拟定，通过计算和类比，决定零、部件基本尺寸，工作能力准则有强度、刚度、振动稳定性、可靠性、寿命等。

（5）生产工艺及要求模块：明确生产过程中要注意的工艺方面的要求。

（6）参考文献及附录模块：列出报告中引用的参考文献并在正文中注明，进一步说明报告中的某个问题的材料、图表、补充材料等。

4.2.3 模块化的意义

1. 有利于提高图纸水平

由图 4.4 和图 4.5 可知，设计图纸关键部分是主体尺寸、精度和技术要求，主体尺寸由相应的工作能力准则通过设计计算得到，精度体系模块安装使用精度要求和加工工艺和经济性指标综合决定，技术要求主要是安装或加工工艺确定，图纸内部虚拟模块组成及其关系如图 4.7 所示。

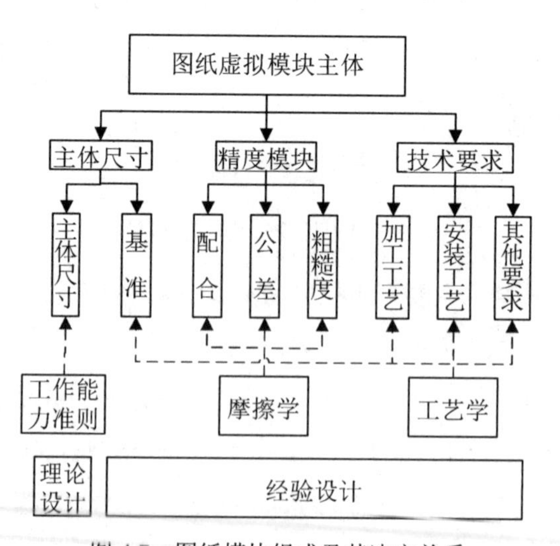

图 4.7 图纸模块组成及其决定关系

Fig. 4.7 Drawings composition and its relationship of modules

2. 有利于过程数据流动

设计求解过程是设计报告内容和图纸内容交替的过程，设计报告和设计图纸是相辅相成又相对各自独立的设计文件，并不是毫不相干的两个文件。用不同形式表达设计过程中的不同内容，模块求解过程逻辑关系和数据流向如图 4.8 所示。

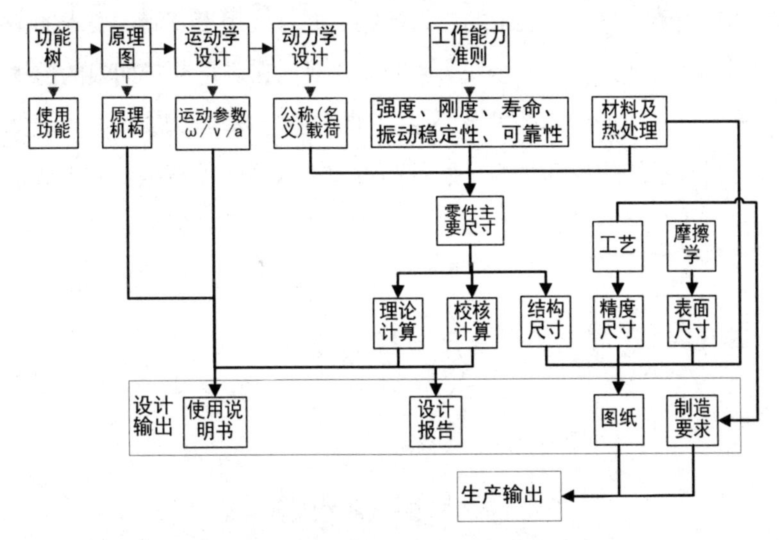

图 4.8　模块求解逻辑关系与数据流向

Fig. 4.8 Logic relation and data flow for modules solving

4.3　面向生产的设计

生产是图纸的物理实现，图纸决定加工方式、加工工艺过程链、质量控制手段，因此质量保障必须与精度要求同时考虑，统计结果表明产品成本的 75%以上在设计阶段已经确定。因此需要在设计阶段充分考虑各方面的要素，面向制造、装配、成本、测试等设计（Design for x，DFx）。

4.3.1　制造系统目标

模块制造系统的目标包括三个方面：质量 Q、成本 C、交货期 D。理论上讲，短时间生产出质量高、成本低的产品是制造系统追求的目标，但是毫无疑问这种情况不会出现，Q-C-D之间需要一个均衡。质量目标是制造系统的关键目标，由图纸上各种要素明确提出要求，然而主观上人们总是希望产品质量高于图纸要求，实际上却往往无法达到“刚刚好”的状态；上市时间是现代产品竞争的关键因素之一，生产时间越短越有利，但是如果市场宣传等相关并行工程没有满足要求的情况下产品较早投放市场也并不一定带来益处，由此生产时间在满足交货期限的前提下有限提前完成是有益的；生产成本的控制是企业利润的直接影响因素，成本越低，利润越高。由此，制造系统的目标是满足质量和时间要求的前提下尽量减少成本、成本不增加的情况下提高质量或缩短生产时间二者之一，如图4.9所示。

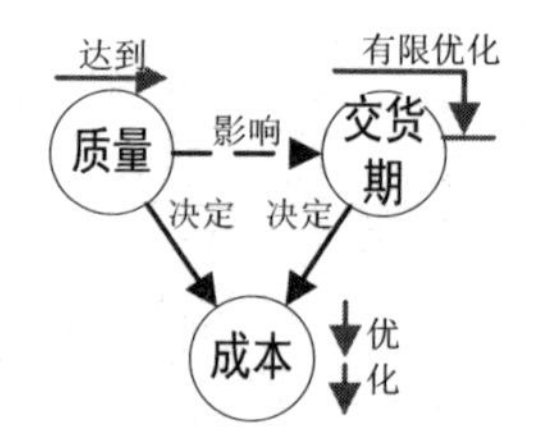

图4.9 模块制造系统目标

Fig. 4.9 Target of module production system

由模块制造系统的三大目标组成制造系统的三个大模块。制造系统三个模块之间的求解顺序是先确定质量求解成本；然后在考虑质量对时间的影响同时尽量通过生产计划和资源控制的优化达到时间要求，如果无解则通过增加成本的方式实现；再在确定成本的情况下进行时间和质量的优化。

4.3.2 成本与精度关系

精度是影响成本的关键要素，精度设计与质量保障是关联的同一对象的不同阶段，从质量保障角度出发的精度设计需要，首先精度要满足达到能够实现的合理程度，然后是经济性，而质量精度与成本的综合考虑则是精度设计的追求目标。

零件和部件的公差、配合、表面粗糙度等精度设计受到加工生产水平和成本两方面的制约。精度设计对质量保障和成本的综合考虑体现在以下几方面：

（1）精度等级具备操作性，加工可以实现质量保障，否则需要降低精度预期；

（2）满足产品要求的前提下，尽可能降低精度等级以减少成本；

（3）精度等级与成本的综合考虑，均衡精度和成本之间的矛盾。

产品生产成本以及产品的后续成本与设计者选用的零件精确度和尺寸公差有关，生产者有义务选择满足精确度要求的工艺过程。较差的设计决策会导致对昂贵加工方式的强迫性选择，设计者要求的精度过高或者考虑不周，成本会迅速上升，常见加工精度及成本关系如图 4.10 所示[4-6]。

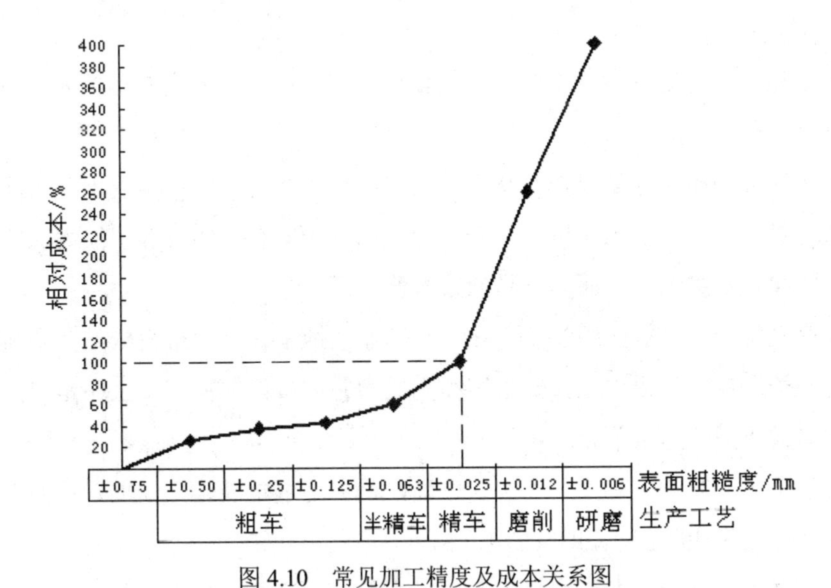

图 4.10　常见加工精度及成本关系图

Fig. 4.10 Common machining accuracy and cost

4.3.3　质量与成本决策

精度-成本关系图体现了加工的成本要素对设计的限制，这种限制是静态的，事实上生产是一个动态过程，设计-生产是在不断往复循环之中。设计-生产的动态过程描述才能达到精度与成本的综合最优。

1. 工序能力及指标

质量是决定成本的关键因素，质量要求越高则成本也越高。设计完成，形成确定的工程图，则实现图纸要求的所需成本也相应确定。

花费最少成本达到质量要求是生产的目标。工序能力指数可以客观定量体现设备能力满足质量要求的程度，同时体现加工精度和成本的关系。

工序能力指数是指加工质量标准（通常是公差）与工序能力的比值，用符号C_p表示，即

$$C_p = \frac{质量标准}{工序能力} \tag{4.2}$$

其中：

质量标准是确定制造质量的标准和依据，一般指产品质量指标的允许波动范围，即公差范围。

工序能力是指工序处于控制状态下的实际加工能力。一般情况下，工序能力可以认为是该工序的加工精度。工序能力表示工序固有的实际加工能力，即工序能达到的实际质量水平，而与产品的技术要求无关。

工序是指一个（或一组）工人在一个工作场地上（如一台机床或一个装配工位）对一个（或若干个）工作对象连续完成的各项操作的总和。工序是产品生产过程中形成质量的基本单元。

设计希望取得的精确度，即规定极限，是由上规定极限（USL）减去下规定极限（LSL）得到的范围，即（USL-LSL），理想尺寸和（USL-LSL）的允许值由设计者依据功能上的考虑和装配要求、制造成本及质量损伤而设定。

根据工序能力指数的大小对工序的加工能力进行分析和评价，以便于采取必要的措施，既保证质量，又使成本最低。

2. 工序能力指数计算

工序能力指数计算方法与质量标准的规定方式有关，主要体现在工序分布中心跟公差带中心是否重合上：

1）工序分布中心μ跟公差带中心M重合

工序能力指数等于上下规定极限范围（USL–LSL）除以标准统计质量控制SQC，SQC选用$\pm3\sigma$（即±3倍的标准偏差），用C_p表示这个指数，即

$$C_p = \frac{\text{USL} - \text{LSL}}{6\sigma_X} \tag{4.3}$$

2）工序分布中心 μ 跟公差带中心 M 不重合

以上是在假定制造过程均值与设计者设定的零件希望值尺寸吻合的情况下进行讨论，实际上这种制造过程中的±3σ 中心与设计者的（USL–LSL）中心重合有时是不重合的，如需要安装轴承的轴，为了不被卡死，轴不能太大，但是稍微小点却没有问题[4-7]。

根据设计者给定的公差不同有三种情况：①每侧设置相同的±公差（这种情况称为双侧公差极限）；②单侧标准，只有上限；③单侧标准，只有下限。用 C_{pk} 表示工序能力，确定用单位标准偏差表示的过程均值 μ_X 和规定限之间的关系

$$Z_{\text{USL}} = \frac{\text{USL} - \mu_X}{\sigma_X}, \quad Z_{\text{LSL}} = \frac{\text{LSL} - \mu_X}{\sigma_X} \tag{4.4}$$

$$Z_{\min} = \min(Z_{\text{USL}}, (-Z_{\text{LSL}})) \tag{4.5}$$

$$C_{pk} = \frac{Z_{\min}}{3} \tag{4.6}$$

3. 工序能力指数应用

在选择制造过程中挑选适当的制造能力是普通常识，换句话说，制造过程的精确度和自然公差 NT 应该能与设计者的需要匹配。不同工序能力及对应等级见表 4.1，质量分布如图 4.11 所示。可以根据产品精度要求选择相应的生产方式或供应商。

表 4.1　工序能力分级

Tab. 4.1 Process capability classification

级别	C_p（C_{pk}）值	对应 T 和 σ	不合格品概率	工序能力分析
特级	C_p>1.67	T>10σ	p<0.00006%	过于充分
一级	1.33<C_p≤1.67	8σ<T≤10σ	0.00006%≤p≤0.006%	充分
二级	1.0<C_p≤1.33	6σ<T≤8σ	0.006%≤p≤0.27%	尚可
三级	0.67<C_p≤1.0	4σ<T≤6σ	0.27%≤p≤4.45%	不足
四级	C_p≤0.67	T≤4σ	4.45%≤p	严重不足

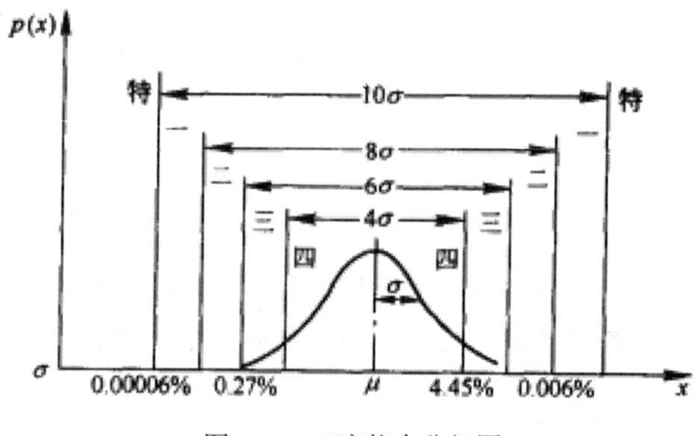

图 4.11 工序能力分级图

Fig. 4.11 Map of process capability classification

根据表 4.1 或图 4.11，当设计者的（USL–LSL）值大于制造过程的测量值$\pm 3\sigma$（或 NT=6σ），这时理论上产品合格率是 99.73%，废品率为 0.27%。

4.4 本章小结

模块设计与生产是以理论和实物方式实现模块求解，理论求解所得图纸和文档决定实物生产。

（1）根据设计结果所包含的内容，提出以隐模块的方式实现设计图纸与设计报告模块化。设计图纸分为零件图和装配图，包括图纸基本信息、视图表达、主体尺寸、精度（和装配关系）、技术要求等模块；设计报告包括基本信息、需求与功能、原理性能、基本尺寸及计算、工艺要求、附录等模块。

（2）模块生产是在图纸约束下追求模块质量、成本和交货期的综合最优过程，而生产成本的控制尤为关键。在设计阶段建立合理的精度与质量保障体系以及进行面向制造和装配的设计是实现综合最优的有效手段。

参考文献

[4-1] Ulrich Karl T, Eppinger Steven D.产品设计与开发[M]. 3 版. 北京：高等教育出版社, 2005.

[4-2] 邓家褆, 韩晓建, 曾硝, 等. 产品概念设计——理论、方法与技术[M]. 北京: 机械工业出版社, 2002.

[4-3] 机械设计手册编委会. 机械设计手册（新版）第 1 卷[M]. 北京：机械工业出版社, 2004.

[4-4] 成大先主编.机械设计手册第 1 卷. 5 版[M]. 北京：化学工业出版社, 2008.

[4-5] Haik Yousef. Engineering Design Process[M]. South Melbourne: Thomson Brooks Ltd., 2003.

[4-6] Kalpakjian S. Manufacturing process for engineering materials. Menlo Park, CA: Addison Wesley, 1997.

[4-7] 郎志正. 质量管理及其技术和方法[M]. 北京: 中国标准出版社, 2003.

第 5 章　模块集成

装配是指将零部件结合成为完整的产品的生产过程，是生产中的最后环节，也是验证设计制造准确性的关键环节。传统机械产品或者部件由装配实现。一般把形成组件、部件的装配叫组装，把形成产品的装配叫总装。装配精度和效率对产品质量和成本有着极大的影响，尤其是结构复杂、布局精巧、工艺要求高、需要快速响应市场的产品。

现代机械产品是多学科多体集合的综合产品，包括结构、能量流、物质/材料流、信息流乃至资源、组织等多领域内容，且存在性能、质量、价格、上市时间、外观形状、售后服务等多种因素的综合竞争，以物理结构拼合为主体的装配不能充分体现产品实现的内涵，综合考虑物理结构、信息、资源和组织的产品集成才能真正体现该过程的本质。集成是结构上装配的扩展，是广义的装配，是包括结构、信息等多领域的综合装配。

复杂机械产品常采用多团队、不同地域并行的组织方式。作为集成制造单元的模块常常由不同厂家在不同地方独立完成，成本因素或场地限制不可能通过传统的零部件预装或试装的样机试验发现问题的处理模式，需要在设计阶段综合考虑集成的可操作性及可能出现的问题，集成研究及综合规划显得非常重要。

经设计和加工组装后的具有不同的结构形态可以实现不同功能的模块，按照规划定义的接口关系和约束形成产品称为模块集成，模块集成分为集成规划和集成操作两个阶段。规划分析集成的顺序和集成路径，结合任务要求和集成资源制订集成计划、发现接口不足和进行完善是集成规划阶段所要解决的问题。以模块模型为基础的模块集成规划，通过计算机体现集成的全过程，进行模块集成及相关特性的系统分析，实现系统装配工艺规划，得到能指导集成操作的工艺文件。

集成操作则成为集成工艺的忠实执行过程。

模块是模块化集成制造的基本单元。模块对象功能确定、结构独立、接口明确，跟零部件装配相比，模块化的集成方式相对要求单一和容易实现。

5.1　集成概述

模块集成需要考虑各模块结构上关联和信息上关联两个方面，同时是一个充分体现资源、环境、设备、人员及时间要求的过程，包括产品的整体合理布局，恰当的传动和支承结构，检测控制硬件、信息处理方法等[5-1]。结构关联和信息关联（特性参数的一致性）通过接口方式实现，因此可以认为模块集成就是接口集成：结构上，相互连接的界面包括接触面的形状、大小、方向、位置以及相关的连接尺寸，界面的表面特性也是很重要的部分；信息上，包括信息获取、传递、处理、参数匹配等内容，以及子系统之间的参数匹配和协调的问题。模块集成在产品模块化集成制造模式中的位置如图 5.1 所示。

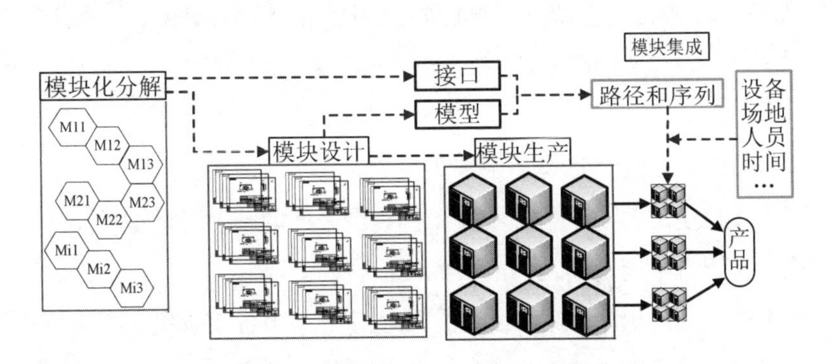

图 5.1　模块集成及其在产品制造中的作用

Fig. 5.1 Module integration and its role in product manufacturing

5.1.1　集成对象及关系

模块集成是产品的模块及实现过程中的功能、资源、信息、过程、组织等内容的集成，同时要体现各种集成对象之间的关系。集成对象通过视图方式表现，相应地包括功能视图、资源视图、过程视图、信息视图、组织视图。

1. 集成对象

集成对象包括功能、信息、过程、组织、资源，其具体内容如下[5-2][5-3]：

功能视图：体现系统中的功能体系，总功能分解为子功能和功能元，体现功能的完整性，实现功能视图与其他视图之间的一致性检查；

信息视图：描述业务往来的信息交互情况，为建立信息视图提供原始数据，为关系型数据库语法和数据结构设计提供工具支持，完成信息视图内部及与其他视图之间的一致性检查工作；

过程视图：实现客户需求、功能设置、设计、生产、集成等过程的模型定义、模型分析、视图提取和模型向工作流执行模型的转换；

组织视图：实现组织模型的生成、定义和描述，包括组织树、团队、人员、角色和权限描述和定义，组织矩阵生成；

资源视图：实现资源模型的生成、定义、描述和管理维护，包括资源实体、资源型、资源池、资源分类树描述工具和资源活动矩阵、物流、资金流描述工具。

2. 集成对象关系

功能、资源、信息、过程、组织等集成对象之间关系主要包括：

不同视图模型之间的映射：实现不同视图之间的映射与模型转换，实现视图内部一致性检查与不同视图之间的一致性检查；

不同阶段之间的模型映射：实现产品生命周期中各个阶段（需求分析、功能设置、系统设计、系统实施）的视图之间的映射与转换；

模型管理：实现所有视图模型的管理，如通用构件库、参考模型库和应用模型等的有效管理与维护等。

视图关系一般采用以过程视图模型为核心，其他视图模型为辅助来实现集成，视图模型间构成关联和引用的关系，如图 5.2 所示。

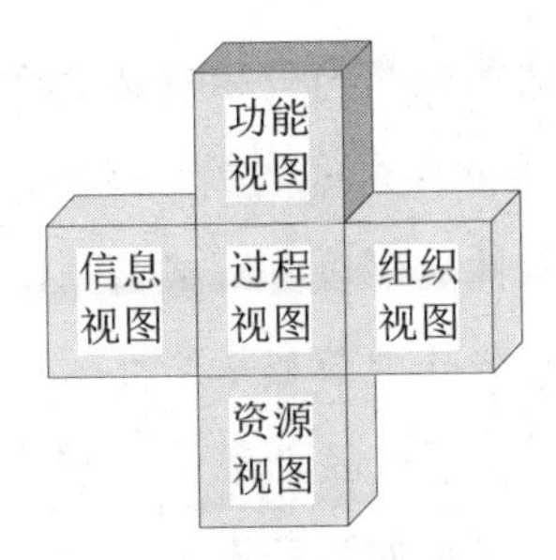

图 5.2　集成对象及其关系

Fig. 5.2 Integration objects and the relationships

5.1.2　模型与接口

产品或模块模型和接口是模块集成的基础。

1. 集成模型

产品集成模型是支持产品从概念设计到工程设计，并能完整、正确地传递设计参数、装配层次和装配信息的产品模型，是产品制造过程中数据管理的核心，是产品开发和支持设计灵活变动的强有力工具。产品集成模型的建立目的是实现完整的产品集成信息表达，一方面使系统对产品设计能进行全面支持；另一方面为系统的自动化和规划提供信息源，并对设计进行分析和评价。

产品集成模型具有以下特征[5-3]：

（1）完整表达产品信息：描述产品组成部分和组成信息之间关系及拓扑结构；

（2）支持并行设计：产品信息的完整表达和产品设计参数的继承关系和其变化约束机制，保证了设计参数的一致性，有力地支持产品并行工程；

（3）快速应对变化的需求：当产品需求发生变化时，通过装配模型可以方便地修改产品的设计以适应新的需求；

（4）独立性和继承性：集成模型既独立于现有 CAD 系统，又支持现有 CAD 系统。

2. 集成模型关系

产品集成模型主要描述产品各个组成部分之间的层次关系、装配关系以及不同层次的装配体中的装配设计参数的约束和传递关系[5-4][5-5]。

（1）层次关系：产品的零部件之间的关系是有层次的。一个产品可以分解成若干部件和若干零件，一个部件又可以分解成若干部件和零件。这种层次关系可以直观地表示成装配树。装配树的根节点是产品，叶节点是各个零件，中间节点是各个部件。装配树直观地表达了产品、部件、零件之间的父子从属关系。

（2）装配关系：产品中零部件的装配设计往往是通过相互之间的装配关系表现出来，因此描述产品零部件之间装配关系是建立装配模型的关键，产品零部件之间一般有四类基本的装配关系：

①位置关系：描述产品零部件几何元素之间的相对关系，如重合、对齐等；

②连接关系：描述产品零部件之间的直接连接关系，如螺钉连接、键连接等；

③配合关系：描述产品零部件之间配合关系的类型、代码和精度；

④运动关系：描述产品零部件之间的相对运动关系和传动关系。

3. 接口

接口（interface）是组成系统的各模块之间或模块内部各组成部分之间可传递功能的共享界面，模块通过接口组成系统。广义地讲，产品中每个元素输入/输出口就是它的接口界面，接口无处不在。根据输入/输出连接方式，将接口分为两类：模块本身带有的接口能直接连接并传递功能的直接式接口和模块间通过组成部分转接（一般为接口模块）的间接式接口。

接口是物质、能量、信息流动的路径，就接口功能而言，接口是物质、能量、信息的传递（输入/输出）、转换和调整。复杂机械产品的接口包括机械接口、电气接口、机电接口、软件接口、人-机-环接口、其他物理量与电量的接口等，满足逻辑、机械、电气、环境方面的要求是复杂机械产品接口连接的必须条件[5-6]：

（1）逻辑上：满足软件的约束限制条件；

（2）机械上：接口界面的几何特征（形状、尺寸、配合等）协调一致；

（3）电气上：电流、电压等级、频率一致，以及阻抗匹配；

（4）环境上：对周围温度、湿度、电磁场、辐射、振动冲击、水、尘等有防护，能适应周围环境。

接口存在于技术学科的边缘及结合部，不属于单一的学科，往往被忽视或作为其中一个学科的附属部分，使得接口技术处于不平衡或割裂状态。接口方案对系统的成败或效能具有举足轻重的作用，美国失败工程总数的 28%是接插件故障导致的。接口标准化是解决问题的有效途径。接口标准化工作应与产品系统或功能模块的开发同步进行，在某些情况下，诸如对信息处理系统中的通信规约、传输格式、总线之类的接口标准化工作还应“超前”进行，以便及时对软件及硬件的开发进行制约。

各类接口标准是接口标准化的可应用的成果，遵循相应标准是避免接口问题的最直接有效方法。当前接口标准主要集中在电气接口方面，信息是其主要传递对象。

5.1.3 集成框架体系

模块是产品的组成单元，复杂系统的模块也是子系统的组成部分，由此模块集成操作方式有两类：以单个模块为单位的模块集成和以子系统为单位的子系统集成。两种集成操作方式没有根本性的差别，只是集成对象的层次不同，根据模块功能、模块结构、模块接口、模块位置、模块环境的不同采用不同的集成操作方式。对于功能和结构关联度强的子系统，如有些结构件模块，在环境允许的情况下采用子系统集成；对于模块固定位置周围空余较小、结构上关联一般的子系统，如检测系统等，采用直接集成操作方式更为有利。不同模块的集成操作方式由集成规划综合各方面的内容决定。

集成包括集成规划和集成操作。集成规划需要确定模块集成顺序（也称集成序列）、集成路径（集成运动轨迹和路径）、集成所需要的资源（集成资源规划）、集成的时间要求，以及完成这些工作所需要的软件工具也就是集成平台等内容。仿真是用较小代价评估集成是否可行的有效方法，基于仿真的结果可以对集成序列规划、集成路径规划、集成资源规划和集成计划安排进行优化。模块集成总体框架体系如图 5.3 所示。

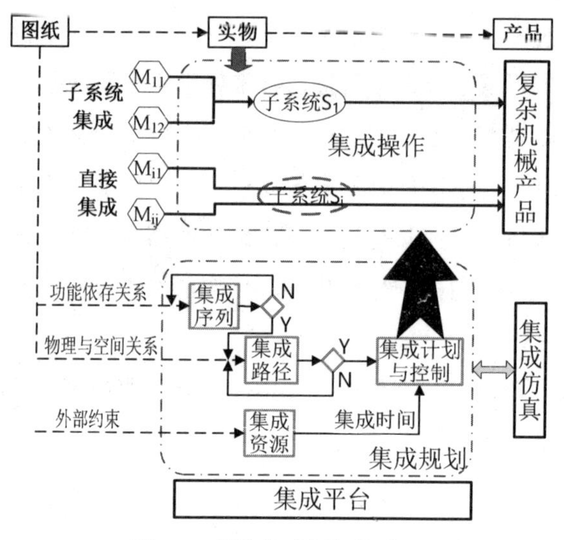

图 5.3 模块集成框架体系

Fig. 5.3 Framework of module integration

5.2 集成序列规划

传统产品相对简单，零部件数量较少，多数在同一工厂或者总装-供货处于主从关系的工厂之间（一主多辅）完成，或者通过采购标准件或者外购件的方式供货。装配由工厂工艺工程师根据设计图纸进行装配工艺规划，或工人根据装配图结合零部件实物现场发挥，当出现无法完成装配的时候就反馈到设计部分要求更改图纸。这种主从关系的装配模式在图纸不出现原则问题的情况下总是可以找到装配解，但常常难免会带来工期的延误和成本的增加，因此关注的重点是设计的装配工艺性，后来发展成本面向装配的设计（Design for Assembly，DFA）。

装配自动化尤其是装配仿真要求预先确定装配顺序，推动装配序列规划的发展。复杂产品出现的多子系统并行工程、多协作单位平行作业、多学科融合、多接口协调、单件或者小批量生产，使得原有的以现场拼凑为主要手段的传统装配模式不再适用，装配序列规划成为装配中不可缺少的一环，显得尤为重要。

装配序列是装配规划最基本的信息，产品中零件之间的功能体系、物理结构、几何关系决定了产品的装配顺序。传统的装配发展到现代的模块集成，相应的装配序列也发展为集成序列。

集成序列表达主要考虑的内容有：①能否保证装配序列的完整性以及正确性；②从集成序列表达模型推导集成序列的难易程度；③集成序列各工序的关系能否表达清楚；④集成序列的表达方法之间是否易于实现变换。

装配序列优先约束关系和拆卸法是装配序列规划的两个常用方法。装配优先关系是指装配体中某组零件之间的装配顺序先后关系，获取这种优先约束关系并将其显式表达是最直观的装配顺序生成方法。1984 年，Bourjault[5-7]在装配序列规划方面进行了开拓性的研究，提出了装配序列优先关系（Assembly Precedence Relations，APR）的概念和装配关联图模型，建立装配序列规划方法。1989 年，德国的 Homem de Mello 和 Henriond 以及 Bourjault 通过引入割集理论为装配顺序几何可行性推理和几何可行装配顺序搜索提供了一种理论化的工具[5-8]，建立拆卸法求解装配序列。

5.2.1　基于优先约束关系的集成序列生成

基于优先约束关系的集成序列生成方法是表达零件装配先后顺序的一种非常紧凑的最直观的方法。该方法需要获取或指定零件之间的装配顺序约束关系的优先级并将其显式表达。优先约束关系的获取是这种方法的关键。

装配优先关系是指装配体中某组零件之间的装配顺序先后关系。装配关联图是由圆圈（或方框）和箭头组成，用来表示装配零部件之间的先后顺序关系或因果逻辑关系的图形。Bourjault[5-7]设计以装配关联图为输入信息，系统根据用户基于关联图的一系列“Yes-No”人机交互问答的结果推理出所有几何可行的装配顺序。用户需要回答大量的有关优先顺序问题，这种方法效率很低。De Fazio 和 Whitney[5-8]将“Yes-No”问题形式变为用户通过对产品装配结构进行推理和预测之后穷举出各个装配连接所有的装配优先关系，用户回答问题数目 Q 由原来的 $2\left(L^2+L\right)<Q<L^{2L}$ （L 为零件之间连接关系数目）减少到装配体中所包含的装配

连接数目的两倍，但是问题的回答更困难，装配优先关系的完备性和准确性更加难以保证。Ke 和 Henrioud[5-9]、Minzu 等[5-10]采用“合并”装配序列的方法，通过从给出的一组装配序列来获得合理的装配序列。Delchambre[5-11]通过对产品联结图的不同分解情况进行可行性判断，产生优先约束关系集，该方法类似于割集法，具有对规划者依赖性小，易于自动实现的优点。

基于装配优先顺序直接求解方法的最大困难在于装配优先关系的获取，采用人工交互方式，工作量大，对操作人员要求很高，且容易出错。

1. 优先约束图表达

采用优先约束图来表达集成任务间的先后关系可使集成序列表达紧凑化。具体的办法是对集成序列中具有先后顺序约束的任务用优先约束图加以显式表示，而对没有先后顺序约束的任务不做显式表示（虚线或不表达）。串联和并联两种关系对装配刚度、装配尺寸链传递及装配线设计有影响。通过对结构、几何和特征的分析，建立一组零件的优先关系，使用图论中的有向连接图来描述零件间的装配优先关系，优先约束图如图 5.4 所示。

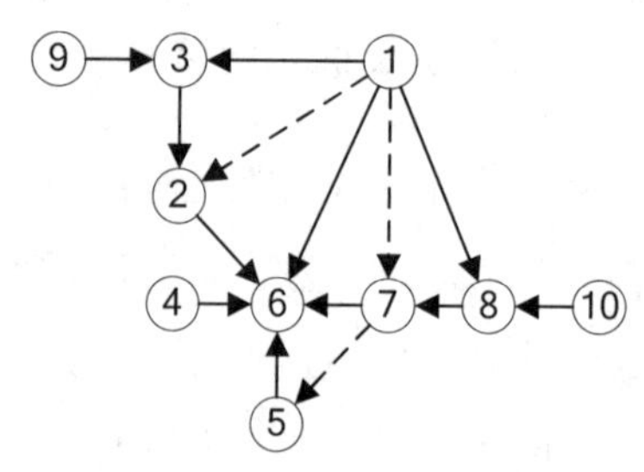

图 5.4 优先约束关系图

Fig. 5.4 Precedence restriction diagram

图 5.4 中，实线箭头表示两个零件有直接物理连接，虚线箭头表示没有直接物理连接但有先后关系，如虚线箭头来表示 5 号零件先于 7 号零件的连接关系，虽然没有直接物理连接，但 7 号零件的先装配会导致在装配 5 号零件时无法操作。

优先约束图表达结构紧凑，但不能显式表达产品的集成序列，也不能显式表达并行任务。

2. 优先约束关系矩阵

用一个对角元素为 0 或空格、维数为 $N \times N$ 的矩阵表示优先约束关系，称为优先关系矩阵。矩阵中每一行代表该行所代表零件和其他零件的优先关系，关系有三类：0 表示没有明确的先后关系；1、-1 表示物理连接的先后关系；$+\lambda$、$-\lambda$ 表示虚连接的先后关系。图 5.4 的优先约束关系用矩阵表示如图 5.5 所示。

$$
\begin{array}{c|cccccccccc}
 & 1 & 2 & 3 & 4 & 5 & 6 & 7 & 8 & 9 & 10 \\
\hline
1 & 0 & -\lambda & -1 & 0 & 0 & -1 & -\lambda & -1 & 0 & 0 \\
2 & +\lambda & 0 & +1 & -\lambda & 0 & -1 & 0 & 0 & 0 & 0 \\
3 & +1 & -1 & 0 & 0 & 0 & 0 & 0 & 0 & +1 & 0 \\
4 & 0 & +\lambda & 0 & 0 & 0 & -1 & 0 & 0 & 0 & 0 \\
5 & 0 & 0 & 0 & 0 & 0 & -1 & +\lambda & 0 & 0 & 0 \\
6 & +1 & +1 & 0 & +1 & +1 & 0 & +1 & 0 & 0 & 0 \\
7 & +\lambda & 0 & 0 & 0 & -\lambda & -1 & 0 & +1 & 0 & 0 \\
8 & +1 & 0 & 0 & 0 & 0 & 0 & -1 & 0 & 0 & +1 \\
9 & 0 & 0 & -1 & 0 & 0 & 0 & 0 & 0 & 0 & 0 \\
10 & 0 & 0 & 0 & 0 & 0 & 0 & 0 & -1 & 0 & 0
\end{array}
$$

图 5.5　优先约束关系矩阵

Fig. 5.5 Precedence restriction matrix

5.2.2　基于拆卸法求解集成序列

拆卸法通过拆卸装配体得到拆卸序列、再将拆卸序列反向即为装配序列，通过自上而下求解零件的拆卸顺序反求零件装配顺序。零件装配和拆卸互为可逆过程，是拆卸法的基本假定前提。

割集理论是拆卸法的基础。装配割集是指两个子装配体（有一个或多个零件组成的稳定的装配体子集）以及两个装配体之间的连接关系集合。德国的 Homem de Mello 和 Henriond 以及 Bourjault 通过引入割集理论为装配顺序几何可行性推理和几何可行装配顺序搜索提供了一种理论化的工具[5-12]。

拆卸法判定的基本原则：若判定一零件满足拆卸条件，则该零件一定满足序列约束；反之，装配过程中某一阶段满足装配条件的零件并不一定满足装配序列约束条件，因为该零件有可能影响到后续零件的装配。

基于割集理论的装配序列生成算法基本步骤为：

（1）输入产品的装配结构的关联图模型；

（2）利用割集生成算法对装配关联图进行处理，产生所有的装配割集，并按照一定方式存储在数据库中；

（3）针对每个装配割集的分解可行性进行人机交互式推理（如简单的

“Yes-No”形式），根据用户回答进行自动推理，从而获得所有割集的分解可行性；

（4）根据所有割集的分解可行性，搜索出所有可行的几何装配顺序。

拆卸法的优点是通过几何计算和推理可从零部件的装配状态演绎出零部件拆卸初始方向，而从自由状态的零部件却无法推导出零部件的装配方向[5-13]。拆卸法的局限性是必须满足装配和拆卸互逆这一前提条件，不适用于铆接、焊装等工艺。

5.2.3 模块化序列规划及其表达

装配序列规划是复杂的多目标优化问题，大计算量是其最大特点，即使对于零件数目少的装配体，其装配序列也具有很大的解空间。由于生产过程要求具有连续性、平行性、比例性、均衡性和准时性，简单罗列所有装配序列的方式肯定不能满足装配生产的要求。如何对装配规划所有解空间进行搜索，并按工业生产要求选择装配序列集合中的较优解或非劣解具有重要意义。

装配序列规划的问题可以从两个方向进行解决：一方面可以采用新的算法减少运算量或实现自动搜索，或者提高计算性能以缩短计算时间，如启发式算法、遗传算法、模拟退火法、栗子群算法、蚁群算法等；另一方面通过装配结构树重构简化产品的装配关系，模块化就属于这一类。一般而言，通过并行装配序列（如两台设备同时完成一个工作；双手操作等）操作时间和串行装配序列操作时间相比，可以有效地缩短产品的装配时间，并提高对灵活装配环境的适应性即柔性。

1. 模块化集成优化方式

工程实际中，在产品设计与造型的时候，层次结构树一般是根据功能结构关系按照“自上而下（top-down）”的方式划分。而在装配工艺拟定的时候，产品装配结构树遵循“自下而上（bottom-up）”的顺序关系方式来组织。

采用模块化集成方式，装配对象是功能独立的模块，而不是零部件，会大大简化装配复杂程度、降低装配过程中的不确定因素。由于模块化集成的对象相对独立、功能明确，因此模块化集成虚拟装配相对零部件虚拟装配来说相对要求单一和容易实现，模块化集成与零部件装配比较如图 5.6 所示。

图 5.6 是一个由 9 个零件（A-I）组成的产品的直接装配和通过集合成三个模

块的装配比较，为了降低复杂程度，假定零件间的装配关系不变，从图中可以看出，模块化可使操作时间大幅度缩短。

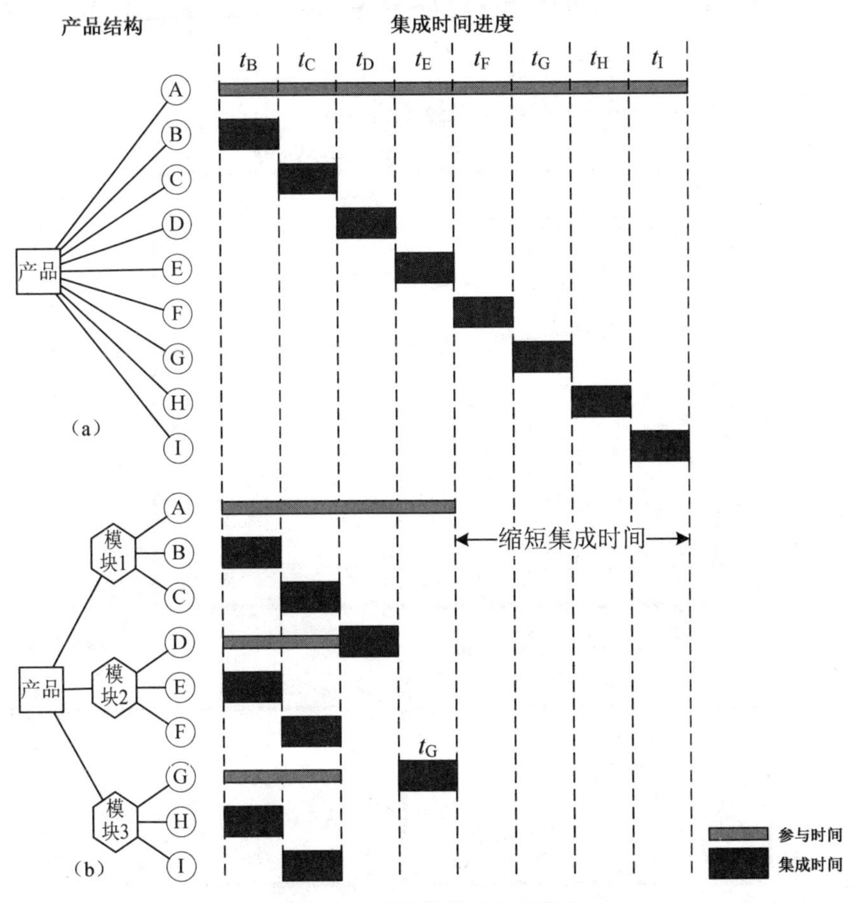

图 5.6　模块化集成序列优化

(a) 零部件装配；(b) 模块化集成

Fig. 5.6 Modular integrated sequence optimization

(a) Parts- components assembly; (b) Modular integrated

2. 集成序列 DSM 表达

图形（关系图、约束图）是表达装配关系的常用手段，有向图表达结构紧凑，但不能显式表达对象的集成序列，也不能显式表达并行任务。DSM 不仅可以显示表达集成序列的串行和并行任务，而且有利于计算机编程实现自动化，而结构不够紧凑是其缺点。

图 5.6（a）所示零部件装配顺序用 DSM 表达见表 5.1，模块化集成序列表达见表 5.2。

表 5.1 零部件装配顺序
Tab. 5.1 Parts-components assembly sequence

	A	B	C	D	E	F	G	H	I
A	A								
B	×	B							
C	×	×	C						
D	×			D					
E	×			×	E				
F	×			×	×	F			
G	×						G		
H	×						×	H	
I	×						×	×	I

表 5.2 模块化集成序列
Tab. 5.2 Modular integrated sequence

	模块 1	模块 2	模块 3
模块 1	模块 1		
模块 2	×	模块 2	
模块 3	×	×	模块 3

	A	B	C
A	A		
B	×	B	
C	×	×	C

	D	E	F
D	D		
E	×	E	
F	×	×	F

	G	H	I
G	G		
H	×	H	
I	×	×	I

比较表 5.1 和表 5.2 可以看出，模块化集成通过将一个复杂的矩阵分解为几个简单的矩阵，大大降低了计算量。

5.3　集成路径规划

集成路径是零部件在集成时的运动路径。无论人工集成还是机械自动化集成或机器人集成，都需要进行路径规划。规划目的是实现无碰撞、无干涉集成，保护集成单元和快速有效完成集成。人工方式集成常常依靠操作者的经验和感觉，而不拟定路径清单；对机械自动化集成或者机器人集成来说，集成路径必须在集成之前先确定。明确集成运动轨迹、协调设备及集成对象或机器人的动作，避免相互碰撞，求解装配运动中的最佳轨迹，是运动规划方面的重要内容。

5.3.1　路径规划内容

零部件在组装成产品时应遵循空间路径，从几何形状上，按照该集成路径可以避免零部件在装配过程中出现相互干涉现象；从工艺活动上，采用该集成路径具有实施合理性，能够保证装配质量；从功能上讲，路径规划是为避障及满足作业需要而进行的以安全性为主要指标的路径设置。路径规划主要研究内容按环境状态可分为静态结构化环境下的路径规划、动态已知环境下的路径规划和动态不确定环境下的路径规划。

路径规划需要考虑运动学约束，包括路径约束和障碍约束两部分。路径约束来源于具体操作的某种特殊要求，如焊接要求沿直线或曲线运动等；障碍约束是在运动空间出现的几何障碍。由于几何障碍的复杂性，障碍环境中无碰路径规划问题是计算几何学、计算机图形学和人工智能等多学科关注的课题。空间路径规划一般分解为两类子问题：

（1）寻空间：在指定区域中确定物体安全位置，使其不与已有物体相碰撞；

（2）寻路径：确定物体 A 从初始位置移动到目标位置的有效路径，移动过程中不得与已有物体发生碰撞。一系列连续的安全位置就可连成有效路径。

5.3.2 碰撞检测技术

自由物体运动过程中很有可能与周围环境发生接触、碰撞或其他形式的相互作用。复杂产品系统进行集成时，必须能够检测物体之间的相互作用并作出适当响应，否则就会出现物体之间相互穿透和彼此重叠等不符合客观现实的现象。现代设计方法建立的数据是在计算机上显示的产品模型，不是实物，所以完整的产品模型创建以后，仅凭观察是不能发现产品组成部分之间是否有重叠（静态）、模块集成过程中是否有重叠（动态）。

根据这种对象间的重叠是静态还是动态，将其分为干涉和碰撞，而检测过程则为干涉检查和碰撞检测。干涉检查就是检查装配体中自任意两个零件在空间上是否有重叠的地方；碰撞检测就是检查装配体的零部件当运动的时候是否有相互碰撞的现象。干涉检查和碰撞检测既不相同又相关联，可以说干涉检查是静态干涉检查，而碰撞检测是动态干涉检查，连续的干涉检查就构成碰撞检测。通常有三种不同精度级别适用于不同要求的碰撞检测方法：直接检测法、基于包围盒的碰撞检测算法、边界模型与几何模型相结合的检测算法[5-13]。

1. 直接检测法

直接检测法是一种通过有限个点的干涉检查确定整个过程是否有碰撞的方法，具体的做法是确定通过计算周围环境中所有物体在下一时间点上的位置、方向等运动状态，检测是否有物体在新状态下与其他物体空间重叠，从而判定是否发生了碰撞。

为确定 $t_0\sim t_1$ 时间内是否发生碰撞，首先将 $t_0\sim t_1$ 时间等步长均匀分为系列时间点：t_0、$t_0+\Delta t_1$、$t_0+\Delta t_2$、…、$t_0+\Delta t_n$、t_1；通过检测每个时间点是否发生干涉碰撞。

直接检测法的缺点是若物体运动速度相当快或时间点间隔过长时，一个物体有可能完全穿越另一个物体，或者说选取的点都在物体穿越过程之外，这种算法无法检测到这类碰撞。可以采用限制物体运动速度或减小计算物体运动的时间步长；或者考虑动态构造四维空间模型（包括时间轴），检查物体滑过的四维空间与其他物体四维空间是否发生重叠。

2. 基于包围盒的碰撞检测算法

为减少精确检测两个物体是否重叠的计算量，降低碰撞检测平均复杂性，提高虚拟装配过程的真实性、实时性和精确性，在被装配物体还未接触时采用干涉检验的预处理过程，即用比被检测物体体积略大而且形状简单的包围盒替代复杂的几何对象参加碰撞检测[5-14]。

包围盒分为沿坐标轴的包围盒 AABB（axis-aligned bounding boxes）、球形包围盒（spheres）、带方向的包围盒 OBB（oriented bounding box）及上述方法进行变异等。如对 AABB 包围盒改进后被检测物体包围盒仍为长方体，但长方体的面与某一局部坐标系平行，通过将每个被检测物体包围盒投影到某一局部坐标系坐标轴上，得到一个区间；分别对三个坐标轴上所有物体的投影区间排序，只有当两个物体在三个坐标轴上的投影同时重叠时才有可能在空间发生碰撞。

3. 边界模型与几何模型相结合的检测算法

当两个物体的包围盒相互干涉但还不能确定物体是否实际接触时，再采用两类精确碰撞检测方法：①基于边界模型 B-reps，减少被测元素的数量是提高效率的关键，如空间分割技术；②以层次几何模型（CSG）为基础，如八叉树干涉检测算法、层次球检验算法等。针对几何特性和拓扑形状不会发生改变的刚体间的碰撞检验问题，可用上述方法进行碰撞检测，区别在于机械零件内外部分结构复杂，单独采用边界模型，将产生很多的无效检测，单独采用层次模型，对复杂部位很难精确检测。故而采用边界模型与几何模型相结合的方法完成复杂情况精确碰撞检测[5-15]。

5.4　模块集成资源规划

模块集成不仅需要集成对象、设备、工具、场地等硬件资源，而且需要人力、管理、工作方法等软件资源。这些资源相互作用，构成模块集成的生产活动、实现产品功能，创造财富。

复杂产品的模块集成涉及硬件和软件资源的种类和数量都很多，能否合理调整和运用各种资源是影响模块集成效率的关键因素。如果没有进行相应规划，各种资源的需求及状况不清楚，现场的组织、协调和安排是非常困难的，而且调整过程会相当漫长，而且部门或者不同单位间的协作交流功能相对较弱，难以实现整体最优。信息技术的发展，特别是现在各种资源管理系统的开发有助于解决这些问题，通过集成资源规划，实现模块集成的高效、按时、低成本集成是非常有意义的。

5.4.1 集成时间是资源也是约束

时间是产品集成过程中的关键要素之一，项目进度计划是时间要素的集中体现。产品集成需要的时间可以分成两类：完成任务必须需要的时间，就是不可能在更短的时间内完成既定的任务；由于意外情况、不确定性或者充分利用其他资源导致的时间延长。一方面完成集成任务需要一定的时间范围；另一方面集成执行者希望给定的时间充裕，而产品使用者多数情况下希望越快越好。任务本身、执行者、使用者及其他多方博弈，表现出时间一方面是集成需要的资源，另一方面也是集成的约束条件。在时间非常充裕的前提下，为了达到其他方面优化，项目可以较长时间完成，这个时候时间就是一种可以利用的资源；在项目紧迫的情况下，可以通过其他资源（如设备、人力、资金等）的投入，以最快的速度完成项目，这样时间就是一种约束。

项目进度计划在计算或者估算的各个作业时间参数基础上编制。进度计划一方面要满足作业逻辑关系与既定作业时间的要求；另一方面要满足其他资源的限制，所允许的工期的限制以及项目管理目标的实现程度等等。

所以需要对得到的进度计划进行优化调整。即使采用计算机辅助项目管理软件编制进度计划，也需要以人机交互方式对得到的进度计划结合任务目标进行进一步的优化调整。优化调整是根据预定目标，在满足约束条件的要求下，按照某一衡量指标寻求最优方案。主要利用作业时差，通过改变进度，使之对应的工期、资源、费用构成有效组合，并尽可能实现工期短、资源耗费少和费用低。根据优化对象的不同分为：资源-工期优化、费用-工期优化、工期优化三类，其中前两类工期作为资源，后一种工期是约束或者说是目标。

1. 资源-工期优化

在资源限定的条件下，在要求的工期内，使资源达到充分而均衡的利用。优化的基本思路是在不超过有限资源和保证工期的前提下，将资源优先分配给关键作业和时差较小的作业，并尽可能使资源均衡连续地投入，最后安排给时差大的作业。反之，进行调整时，先调整时差大的作业，将那些与关键作业同时进行的作业推迟，以消除资源负荷高峰，使资源的总需要量降低到其供应能力的限度内，并尽可能地使其在整个项目工期内均衡。

2. 费用-工期优化

指通过综合考虑工期与费用之间的关系，寻求以最低的工程总费用获得最佳工期。包括两个方面：根据最低成本的要求，寻求最佳工期；根据计划规定的工期，确定最低工程费用。

工程费用大致可分为直接费用和间接费用两类。直接费用是与完成工程直接有关的费用，能够直接计入成本计算对象（如人工费、加班费、材料费、设备费等）；间接费用是不直接计入，需按照一定标准分摊的费用（如管理费、公用设施费、仓库费等），间接费用一般与工期成正比关系，因此压缩工期可以缩减费用。

压缩工期过程分为两个步骤：①确定待压缩作业，一般压缩关键路径上直接费用变化率最小的作业；②确定压缩长度，在满足极限作业时间限制路线与关键路线工期差额限制的前提下，考虑次长压缩过程的优化。

3. 工期优化

在费用与资源有保证的前提下，寻求最短的项目总工期或目标工期。缩短工期的基本途径是采取措施，压缩关键路径上的关键工序周期，如采用新技术和新工艺、改进现有技术和工艺方案等技术措施。在工艺允许的前提下，充分利用时差，从非关键作业抽调适当的人力物力集中用于关键作业；增加人力和设备；重新划分作业的组成，实施平行交叉作业等组织措施。

5.4.2 集成信息资源

集成信息资源包括集成对象的模型、接口和可以利用的操作空间。这些信息主要由拓扑信息、几何信息、工艺信息、管理信息等组成[5-4][5-6]。

1. 拓扑信息

拓扑信息包括两类信息：①产品装配的层次结构关系，这类信息与具体应用领域有关，往往因“视图”的不同而有所差异，如对同一产品分别从功能角色、装/拆操作、机构运动等角度分析，其层次结构组成关系很可能不同；②产品装配单元之间的配合约束关系，常见的软件表现有贴合、对齐、同向、相切、插入、坐标系重合等。这类信息取决于静态装配体的构造需求，与应用领域无关。

2. 几何信息

与产品的几何实体构造相关的信息，决定装配元件和整个产品装配体的几何形状与尺寸大小，以及装配元件在最终装配体内的位置和姿态。由于现有的用CAD系统等已具备较完善的几何建模功能，产品装配模型所需的几何构造信息可直接从相关的内部数据库提取。

3. 工艺信息

与产品装/拆工艺过程及其具体操作相关的信息，包括各装配元件的装配顺序、装配路径，以及装配工位的安排与调整，装配夹具的利用，装配工具（如扳手、螺丝刀等）的介入、操作和退出等信息，为装配工艺规划和装配过程仿真服务，包括相关活动和子过程的信息输入、中间结果的存储与利用、最终结果的形成等。

4. 管理信息

与产品及其零部件管理相关的信息。众所周知的BOM信息，包括产品各组成部分名称、代号、材料、件数、技术规范或标准、技术要求，设计者或供应商、版本等信息。

5.4.3 集成支撑资源

集成支撑资源是用以产品集成过程具体实施相关的各种辅助设备（工具）、人或组织、环境（空间）等。

1. 辅助设备（工具）

在装配、拆卸操作中需要对集成单元进行夹取、运输、操纵和测试等操作，由此需要相应的辅助设备或工具、夹具、辅具等。

常用的手工操作根据操作中的功能角色可分为装配工具、装配夹具和装配工作台三类；而对于大型的、有一定重量的产品，起吊或者助力设备是集成设备的不可替代的部分，该种情况下设备的选择和使用技巧显得非常重要。

辅助设备的组成与控制参数选择，包括装配工作台与设备的选择、装配夹具与工具的类别和型号，以及它们各自的有关控制参数如形状、尺寸、比例大小等。

大多数装配体是以目标装配对象（待装配产品或部件）为核心，根据需要选用包括工具、夹具、工作台等全部或部分类型的集成设备；非常简单的对象装配，可能只需要装配工具就可实施；而对于复杂产品的集成，则可能辅助设备、装配工具、夹具都必不可少。

2. 人或组织

集成操作需要由具体的人去执行，集成操作涉及各种各样的内容，有操作实施者、管理者、协调者等各种角色。不同集成对象的集成操作不同，由此需要组成相应的操作机构或组织。不同岗位的操作者应该具备相应的能力，有些可能需要提前进行培训才能达到，甚至需要持证才能上岗。

3. 环境（空间）

集成环境是一个广义的范畴，集成所需的场地、空间和集成操作的具体内容有关：使用集成工具的则要有操作空间，同时还要考虑手工操作的限制条件，如手臂的粗细和长度等；采用起吊设备的操作，设备自身也需要相应的空间。有些操作对环境有特殊的要求，如温度、湿度、洁净度等。

装配操作方式（或装配方法）一般可以分三类[5-4]：手工装配、专用自动化装配和半自动机器人化装配。手工装配是最通用的方法。灵巧是人手最突出的优点，借助于少量工具如工作台、虎钳、扳手、螺丝刀等，人手几乎能实施任何产品的装配，因此手工装配可以说是“万能的”装配方法，其缺点是易疲劳、效率低、精度差。专用自动化装配，又称硬性自动化装配，装配系统由专门的设备组成，是针对确定结构产品的装配。生产效率很高，但系统柔性差，适于大批量生产。半自动机器人化装配，又称柔性自动化装配，装配系统由半自动工具及机器人组成，可实施较大范围产品族的装配。系统能适应产品设计的变化，兼有柔性强和生产效率高的优点。完整的集成资源应该涵盖手工装配、半自动装配、全自动化装配三种装配方式，然而穷举各种装配资源是相当困难的，甚至是不可能的。当前装配的方式以手工装配为主，以及以手工操作为主的生产线装配，而半自动机器人化装配或专用工装的全自动化装配并不普遍。

某些情况下，产品设计阶段并没有充分考虑装配的制约因素，为了实施产品或部件的装配、拆卸操作，不得不设计出专用的工具、夹具或辅具，增加了产品制造成本。因此，设计者和装配工艺规划人员必须充分考虑装配资源的合理配置，才能实现装配工艺规程的最优化，保证装配质量和装配效率，从而降低产品装配成本和产品的总成本。

5.4.4 集成平台

模块集成是涉及单个模块和子系统及其集成所需要设备、场地、人员、合理集成路径、方法手段等众多资源的综合过程，能够体现对象、要求、资源的集成平台在一定程度上决定集成效果。集成平台不仅是一个虚拟的装配平台——能够直接利用设计过程中生成的模型，或者通过数据交换获得模块数据，而且能够体现整个制造过程从需求分析到产品完成过程中模块数据及相关的集成所需设备、场地、时间、人员等数据的交换、管理和集成，集成平台框架如图 5.7 所示。

复杂机械产品模块集成或子系统模块集成方式，集成对象数量相对较少、形状相对规范，集成路径对空间要求较大、方向明确，装配规划和装配过程运算量和工作量都大大减少，避免了零部件集成路径规划运算量大难以规划、虚拟装配工作量大而需要专门软件提供技术支撑且受制于虚拟装配整体技术发展制约的可能，易于在通用三维建模 CAD 软件上实现，可以大大提高效率。

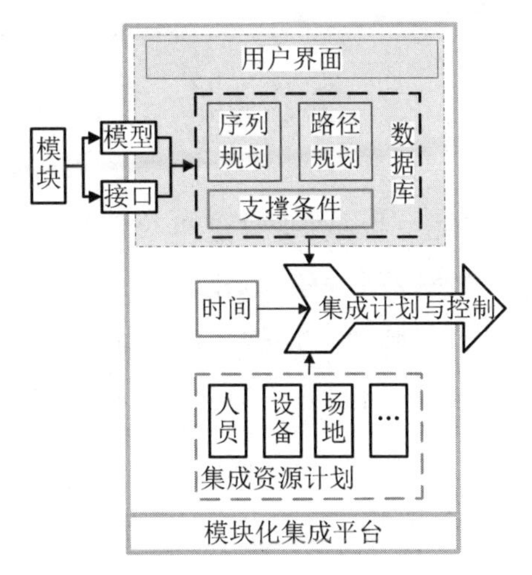

图 5.7 模块化集成平台

Fig. 5.7 Platform for modular integration

5.5 本章小结

模块集成是设计和生产的模块按照接口和约束关系形成产品的过程，不仅包括模块结构上的装配，同时包括模块信息、资源、环境、设备、人员及时间要求的综合，复杂机械产品的集成分为集成规划和集成操作两个阶段，集成操作是集成规划的执行，集成规划是集成的重点。

（1）建立模块集成框架体系，包括集成序列规划、集成路径规划、集成资源规划、集成的时间要求，以及相应的软件集成平台等。

（2）集成序列规划是集成规划的基础，模块化和基于 DSM 的集成序列表达，通过重构产品装配结构树，降低复杂性和不确定性，减少集成序列规划的运算量。

（3）提出装配、信息、资源、组织的集成资源规划，分为三个方面：集成时间是资源也是约束，跟优化目标有关；模型、接口和操作空间是主要集成信息资源，设备、组织、环境、资金是集成支撑资源；支持各类资源集成的平台可以大幅度提高集成效率。

参考文献

[5-1] Baldwin C. Y., Clark K. B. Managing in an Age of Modularity[J]. Harvard Business Review, 1997, 75(5):84-93.

[5-2] 刘飞, 张晓冬, 杨丹. 制造系统工程[M]. 2 版. 北京: 国防工业出版社, 2002.

[5-3] 范玉顺, 王刚, 高展, 等. 企业建模理论与方法学导论[M]. 北京: 清华大学出版社, 2001.

[5-4] 范文慧, 张林宣, 肖田元, 等. 虚拟产品开发技术[M]. 北京: 中国电力出版社, 2008.

[5-5] 肖田元, 等. 虚拟制造[M]. 北京: 清华大学出版社, 2004.

[5-6] 童时中. 模块化原理、设计方法及应用[M]. 北京: 中国标准出版社, 2000.

[5-7] Bourjault A. Contribution à une approche méthodologique de l'assemblage automatisé: Elaboration automatique des séquences opératoires[D]. Université de Franche-Comté, Besançon, France, November, 1984.

[5-8] De Fazio T.L., Whitney D.E. Simplified generation of all mechanical assembly sequences[J]. IEEE Journal of Robotics and Automation 1987, RA-3(6): 640-658.

[5-9] Ke C., Henrioud J.M. Systematic generation of assembly precedence graphs[J], IEEE International Conference on Robotics and Automation, San Diego California, 1994, 2 :1476-1482.

[5-10] Minzu Viorel, Bratcu Antoneta, Henrioud Jean-Michel. Construction of the precedence graphs equivalent to a given set of assembly sequences[J]. Proceedings of the 1999 IEEE International Symposium on Assembly and Task Planning, Porto, Portugal, 1999:14-19.

[5-11] Delchambre A. Computer-Aided Assembly Planning for Robotic Assembly[D]. Pittsburgh: Carnegie-Mellon University, 1989.

[5-12] Baldwin D.F., Abell T.E., Lui, M.-C., et al. An integrated computer aid for generating

and evaluating assembly sequences for mechanical products[J]. IEEE Transactions on Robotics and Automation, 1991, 7(1):78-89.

[5-13] 陈定方, 罗亚波, 等. 虚拟设计[M]. 北京: 机械工业出版社, 2007.

[5-14] Youn J.H., Wohn K. Realtime Collision Detection for Virtual Reality Applications[J]. IEEE Virtual Reality Annual International Symposium, 1993:415-421.

[5-15] Cohen Jonathan D.,Lin Ming C., Manocha Dinesh, et al. Interactive and Exact Collision Detection for Multi-Body Environments[R]. Technical Report TR94-005, University of North Carolina, 1994.

第 6 章　制造过程与支撑技术

6.1　概述

过程间的关系是描述过程的基础。过程不仅是活动的集合，而且包括跟活动有关的一切信息、能量、资源、组织等相关内容。过程之间存在的相互作用、相互联系从流图角度可以归纳为三种基本形式，即串行、并行和耦合，如图 6.1 所示。

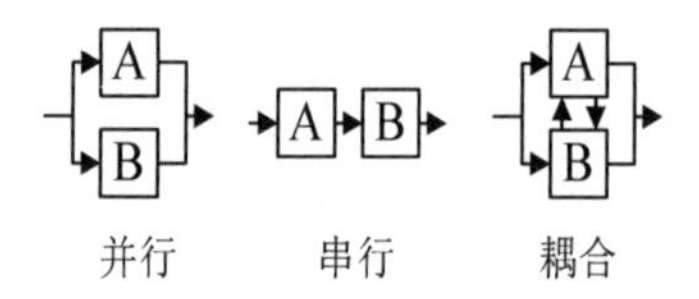

图 6.1　制造过程间的三种关联形式

Fig. 6.1 Three sequences for manufacturing process

（1）串行：串行依赖关系，过程间仅存在单向的依赖关系，后一个过程需要前一个过程的输出作为输入才能开始进行，其动态特征表现为过程 A、B 的串行。

（2）并行：并行独立关系，过程间无任何信息、能量、物质等方面的交互、完全独立，过程间无依赖关系，其动态特征表现为活动 A、B 可以同时进行。

（3）耦合：交互耦合关系，过程间存在交互，而且是这种联系是双向的，即过程 A 的输出作为过程 B 的输入，同时过程 B 的输出又作为过程 A 的输入，其动态特征表现为经过 A、B 间信息传递的多次迭代和反复。

串行、并行和耦合是普遍存在于产品制造过程中的三种基本关系，是产品制造过程分析和重组的基础。

根据制造过程中包括的工作，整个过程分为市场工程、设计工程、生产工程三个阶段。

6.1.1　过程模型分类

产品设计过程是指设计者为完成设计所采取的如需求分析、功能分析、概念设计、结构设计、详细设计等一系列活动。设计是设计者利用可用资源及领域知识，通过一定的设计过程，将用户需求转化为待设计产品的一种可用于制造的详细描述的过程。模型是人们分析问题、解决问题的基础。设计模型的作用是解释或重现人类设计活动行为的某些方面，已由不同学者提出多种设计过程模型。英国 OPEN 大学 Cross 教授[6-1]将设计过程模型归纳为两种类型：描述型（description models）和规范性（prescription models）。前者对设计过程中可行的活动进行描述，后者则对设计过程中的活动进行了较为详细的规定。二者的主要区别在于前者并没有规定任务如何完成，如并没有明确提出采用何种方法得到原理解，而只是指出需要提出原理解；而后者则对设计者的每一步工作、要采用的方法以及该步骤产生的结果都做了详细描述，这一过程已被以往设计经验验证是合理的[6-2]。Frederik 发展了描述设计过程模型，分为描述性模型、规范性模型和可计算性模型三种主要类型[6-3]。

1. 描述/认知性模型

描述/认识性模型（descriptive/cognitive models）建立在对人类设计活动的实际观察的基础上，着重描述人类在设计中的思维活动过程，如图 6.2 所示。描述性模型注重解释和分析作用，易于理解。描述性模型可进一步分为两类：①以设计者的工作方式来描述设计；②以人类的认知过程来描述设计，说明人类是如何进行思维活动和执行某些思维任务的，以及人类的这些智力活动与计算机工具的相互关系。

图 6.2 采用描述性模型表现产品开发过程在 CAD 技术支持下的演变。20 世纪 60 年代以前采用包括方案设计（初步设计）、技术设计、施工设计的三段设计法，利用手册中有关数据，采用较大的安全系数，强调零部件计算，只考虑静态工况，通过经验公式、近似系数或类比等手段进行设计，设计思维是直觉式、经验式、模仿式的，往往是单一方案[6-4]，其过程如图 6.2（a）所示。60 年代，“功

能”的理念得以采用，以及以功能建模思想为基础的功能系统分析法使得设计变为目标式、多角度的过程。在三段设计法的基础上增加功能设置与分析求解的内容，通过功能定义、功能分解、功能求解的过程实现产品设计，全面考虑设计中的问题[6-5]，功能系统分析法设计过程如图 6.2（b）所示。80 年代市场竞争开始加剧，基于满足功能要求的以“创新”为核心的概念设计被提出，采用多方案比较、方案评估，选择最佳方案[6-6]，以“创新”为核心的概念设计，包括功能分析、求解组合形成多方案，通过多方案比较选定概念，设计过程分为需求分析、概念设计、详细设计和细节设计等四个阶段，如图 6.2（c）所示。90 年代以来，为改变产品设计长期以来依据个人经验积累进行初步设计、制造原型、测试并改进完成产品设计的“试凑法”，两种设计的逻辑方法创新设计 TRIZ 理论[6-7]和公理化设计[6-8]方法开始普及，另外，由于真实感显示、多媒体、虚拟现实等技术的发展以及 CAD、CAE 技术的逐渐完善和广泛应用，使得设计过程可以并行、协同、仿真，减少试验、优化设计过程，缩短周期、减少成本、提高质量，现代产品设计过程如图 6.2（d）所示。

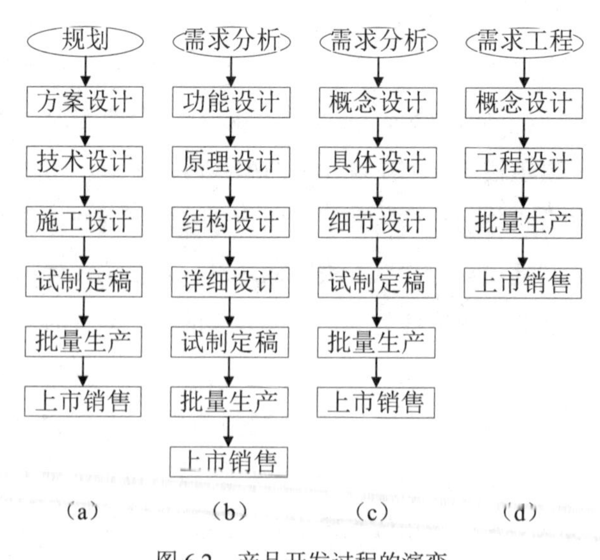

图 6.2　产品开发过程的演变

Fig. 6.2 Evolution of product development process

2. 规范性模型

规范性模型（prescriptive model）以瑞士 Hubka、德国 Kellor、Pahl 和 Beitz 为代表，通过对过程中每一个步骤需要进行的工作和达到的目标进行详细规定，实现产品设计达到预定目标的过程方法。规范性模型的出发点是设计规范化、自动化，提示工作人员任务列表和已完成的任务，对过程进行监控，故具有指导和强制作用。规范性过程模型如图 6.3 所示。

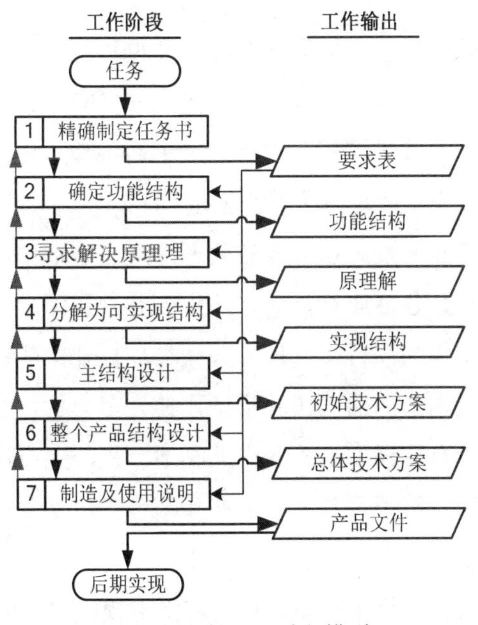

图 6.3　规范性设计过程模型

Fig. 6.3 Prescriptive process model

3. 可计算性模型

可计算性模型（computable model）是指模型具有能被计算机处理的形式。设计活动的可计算性模型所包含的内容十分广泛，包括从表示设计对象几何形状的产品数据模型到表示设计过程和知识的模型等。例如，可以将设计过程视为一个问题求解过程或者一个在已知空间里搜索的过程。设计过程就是根据功能要求和设计约束，利用常用的决策工具，包括优化和模拟等进行决策的过程。如果此过程可以在计算机上实现，则该模型就是可计算性的。

许多研究者都在致力开发设计模型。由于这些模型描述的是同一个设计对象，它们的内容往往相互重叠，因此实际上很难将它们截然分类。目前还没有可以提供完善的设计过程定义的模型，需要从多种角度观察设计过程，才能对其有较好的理解。

6.1.2 串行与并行过程模式

20 世纪 80 年代以前，普遍采用顺序式“抛过墙”产品制造方式，工作人员按要求完成本职工作后将成果抛向下游，出现问题则抛回上游，本质上这是一种“串行”过程，其产品改进过程是设计、加工、实验、修改设计的大循环，而且可能多次重复，导致设计改动量大，开发周期长，成本高等后果。80 年代，引入了并行工程，要求产品开发人员一开始就考虑产品整个生命周期中从概念形成到产品报废的所有因素，包括质量、成本、进度计划和用户要求。产品开发初期，组织多种职能协同工作的项目组，使有关人员项目开始就根据明确的产品要求和信息，积极研究涉及本部门的工作并反馈，使许多问题及早得到解决，避免大量返工。并行工程并没有从根本上改变产品制造流程，完成市场调研、概念设计、技术设计、工程设计、原型及测试、生产和销售，但是并行工程改变了部门间的壁垒，优化信息流动，在提高质量、降低成本、缩短产品开发周期和产品上市时间方面产生很好效果。并行工程与串行工程制造模式比较如图 6.17 所示。

6.1.3 过程建模与仿真

过程建模方法很多，有些依赖于特定软件工具的方法，如 Proforma 公司的 Provision Workbench、CACI 的 Simprocess 等，这些方法只能在特定软件工具上使用；更具普遍意义的则是有开放的建模规范、得到多种工具软件的支持的通用方法。

当前主要的生产过程建模工具 IDEF3、CPM、PERT、Grantt 图、Petri 网、ARIS、工作流建模等[6-9]~[6-13]，以图形方式描述业务过程，关注过程的逻辑流或活动序列，但应用范围侧重不同：IDEF3 方法用来描述业务过程的知识获取，CPM、

PERT 和 Gantt 图进行项目管理和控制实施进展，Petri 网方法用来分析业务过程（特别是制造过程）的静态与动态特性问题，工作流模型分析经营过程并将重点放在其自动化执行上，ARIS 是一种基于信息的过程建模方法，多视图、多层次、全生命周期地描述企业信息系统的各个方面，并提供各个建模信息之间的关系。

传统的建模方法不允许设计过程出现循环情况（或将循环活动视为一个新的活动），因而不支持设计过程的迭代。设计结构矩阵能有效地表示设计过程中的反馈与迭代，为理解和分析产品开发过程提供了一种简洁并可视化的方法。

从串行工程到并行工程变化的巨大效益使得人们重视过程的变革，美国 MIT 的 Hammer 教授于 1990 年提出经营过程重组[6-14]。过程重组是对现有经营过程和活动的一种变革，其核心思想是改变企业中以部门自身利益为出发点的过程，建立以顾客需要为出发点的过程，对企业过程进行彻底的重新设计，通过过程优化，减少乃至完全消除不产生价值的过程，提高经济效益。

过程仿真是优化过程的有效手段，用于对制造系统的规划和设计提供支持，并为整个企业生产过程规划和经营决策提供评价手段。在仿真模型中，给定一个人为的随机输入，仿真模型会产生一个对应的输出，将这些输出样本采集起来进行统计分析。过程仿真主要是离散事件仿真模型，离散时间建模方法和 Petri 网建模是过程仿真的主要建模方法。

6.2　制造过程分析

6.2.1　多域映射的制造过程

产品制造是一个从顾客需求、功能分析、设计、生产集成到产品交付使用的过程。顾客需求是产品制造的起点，而功能建模在产品实现过程中起着关键作用，常见的办法是进行功能分析分解，获得功能树或者建立功能结构。设计和生产是产品制造的两个主要阶段，设计是以图纸和文档形式体现的顾客需求，生产是对设计的实物实现。不同研究者从不同角度对制造的映射过程进行描述，以 MIT 机械工程系 Suh 教授[6-8]建立的公理化设计（Axiomatic Design，AD）、理论认为产品设计是用户域（Customer Attributes，CA）、到功能域（Function Requirements，FR）、到参数域（Design Parameters，DP）、再到加工过程域（Process Variables，PV）的映射；通用设计理论（Universal Design Theory，UDT）[6-15]认为设计是从功能空间（function space）到属性空间（attribute space）的映射；质量功能展开（Quality Function Development，QFD）理论[6-16]认为产品是从顾客需求、到产品功能特征、到零部件特性、到工艺特性、到生产的矩阵映射。综合各种关于产品制造的定义，产品制造是顾客域、功能域、参数域、过程域、实体域的映射过程，如图 6.4 所示。

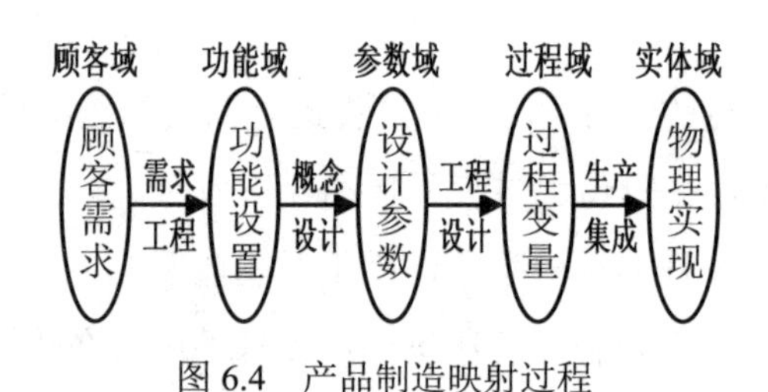

图 6.4 产品制造映射过程

Fig. 6.4 Product manufacturing mapping process

对于复杂产品系统，由于产品自身的复杂性、不确定性强以及涉及范围广、层次多，结构松散的功能树或功能结构在上述一系列映射实现产品过程中必然强化技术复杂性和不确定性、管理复杂性和不确定性、成本不确定性，以及耦合作用的迭代复杂性，使得产品实现难度大大增加。复杂产品系统制造采用分解-协调的方式将复杂产品系统分解为子系统或零部件方式，与传统产品制造方式没有根本性的变化。

6.2.2 域内关系 DSM 描述

1. DSM 概念和历史

设计结构矩阵（Design Structure Matrix，DSM）以 N 阶方阵的形式对产品开发过程进行建模和分析，包含所有的构成活动和活动间的信息依赖关系，是关于项目的紧凑矩阵表示，有利于对复杂项目进行可视化分析。

DSM 源自 1967 年 Donald V. Steward 在参与开发核电站的工作中的概念构想，并于 1981 年被引入分析信息流[6-17][6-18]。MIT 的 Eppinger[6-19][6-20]、Browning[6-21]~[6-24]等进行了大量研究并作为分析活动之间依赖关系的有效工具而被普遍采用。

一个由两个因素或者子系统组成的系统，元素 A 和元素 B，两个元素之间的关系有三种可能情况：平行（parallel or concurrent）、顺序（sequential or dependent）、耦合（coupled or interdependent），用有向图和 DSM 方式表示元素间关系如图 6.5（a）所示，一个多元素的有向图对应的 DSM 如图 6.5（b）所示。

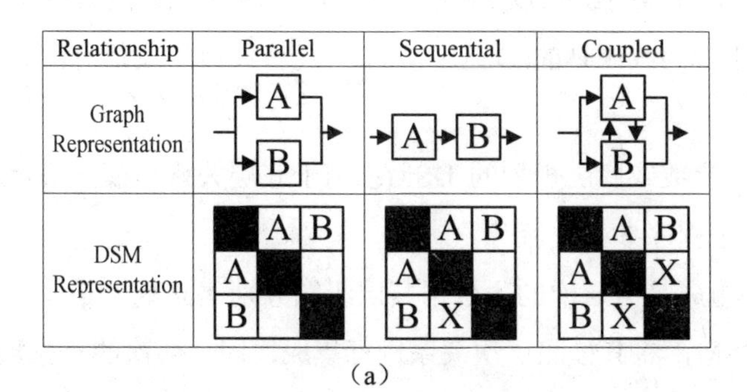

（a）

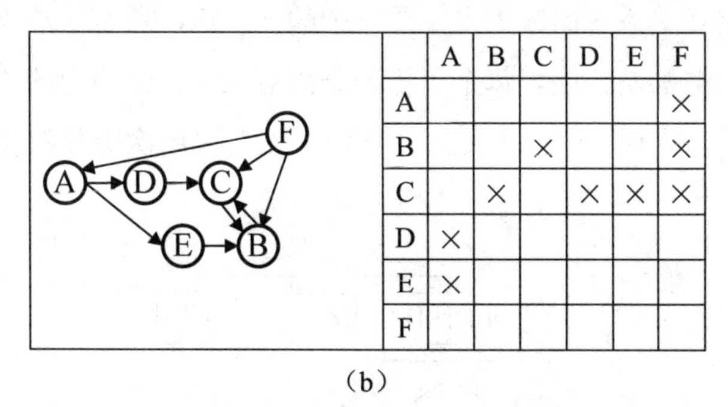

（b）

图 6.5　元素关系 DSM 描述

Fig. 6.5 describe the relationship of elements by DSM

2. DSM 分类

根据 DSM 描述的对象特征，DSM 分为静态和动态两类[6-22]：静态 DSM 和动态 DSM。每类 DSM 又包含两小类，DSM 分类如图 6.6 所示[6-25]。

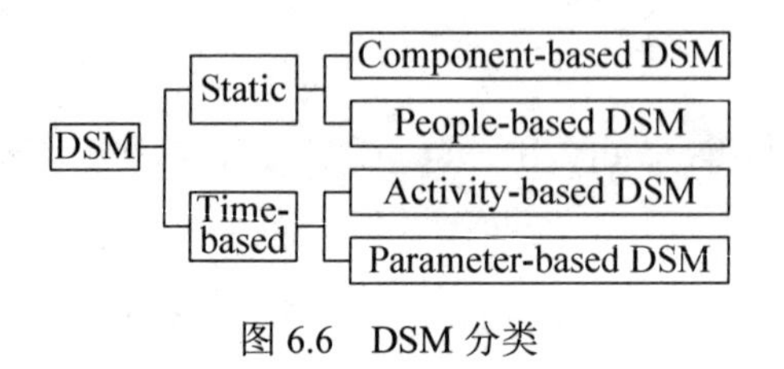

图 6.6 DSM 分类

Fig. 6.6 DSM Taxonomy

（1）基于零部件或结构的 DSM：用于表示系统或产品组成部分或子系统的关系。

（2）基于团队或组织的 DSM：用于对组织结构或团体及其相互作用进行建模。

（3）基于行为或规划的 DSM：用于对过程或活动及信息流和其他关联关系建模。

（4）基于参数或底层规划的 DSM：用于底层关系建模，决定和设计参数，系统的方程，子程序参数交流等。

由于产品组成是分层次的，根据其层级图分别建立基于零件、组件、部件、产品层次的 DSM，将其按照层次关系进行集成，同一层次的对象形成一个方阵，体现该层次的相互关系，而成为上一层次中的一个点，所有子矩阵的构成是一种树状结构，形成结构矩阵族。每个子矩阵分别对应着树结构中的子节点，其中根节点对应的子矩阵为根矩阵。产品层次图对应的对象层次矩阵族如图 6.7 所示。

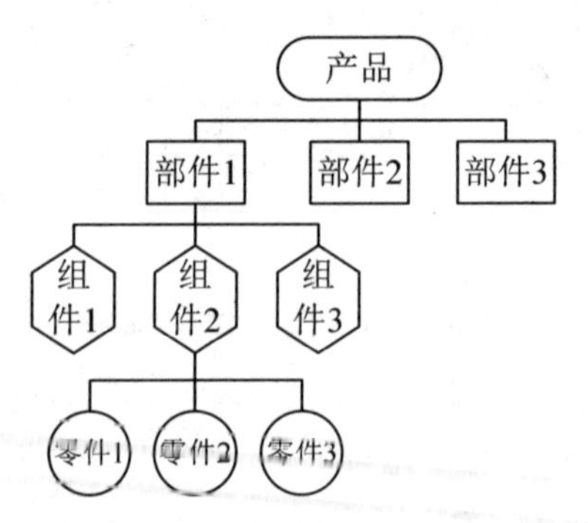

图 6.7　产品结构矩阵族

Fig. 6.7 Product structure matrix family

3. DSM元素类型

根据DSM内的元素类型的不同，可分为三类：

（1）布尔DSM 是一个二元布尔矩阵，元素值只有0（没有关系）和1（有关系），或者用×（有关系）、空格（无关系）表示，这是一种简单的关系描述矩阵，不能反映依赖的强弱程度；

（2）数值DSM 元素值是数值，分为一般数值DSM（数值取值范围没有限制）和模糊设计矩阵（数值取值范围为[0, 1]，表示对依赖模糊集的隶属度），两种矩阵都能定量反映任务间的依赖程度；

（3）符号DSM 元素值包括S、M和W，分别表示依赖关系强、中和弱[6-23]。

4. DSM初始化

矩阵初始化包括两方面的内容：框架初始化和矩阵初始化。

框架初始化就是确定矩阵的二维框架。可以采用基于项目计划、设计文档、说明书及相关资料，也可以向相关专家咨询，与项目参与者进行访谈、工程师建议等来选择。实际运用中表明，在对系统元素的相互作用进行确认时，也有可能要对以前定义的系统元素的进行必要的更改。

系统元素之间的信息依赖可以通过阅读设计文档和访问有经验的产品设计工程师来实现。内容包括每项任务的输入、输出及相互关联的强度等。对设计工程师的重要性访问有时超过阅读设计文档，因为设计文档不能包含所有的知识，大量有用的内容存于工程师的头脑里，必须从工程师的头脑里提取非文本的信息。但有时也需要根据文档解决不同工程师对同一问题不同看法的矛盾。

根据收集到的数据，按照矩阵对行标、列标、行元素和列元素的定义，建立表示不同元素间的依赖关系和信息流向的二元DSM矩阵，然后进行矩阵初始化。

矩阵初始化就是确定元素之间的逻辑关系。可以通过阅读设计文档、访问用户和工程师的方式，也可以采用调查表、开会等方式。具体根据项目的复杂程度和设计要求而定。前者比较费时、费力，但是准确度高，后者则相反。确定关系可以从四个方面进行提问：

（1）What：各作业的进行都依赖于哪些输入？产生什么输出？

（2）When：各输入分别在什么时刻需要得到？输出在什么时刻产生？

（3）Where：输入来自哪里?输出的去向是哪里?

（4）How：输入/输出对自身或其他作业的影响程度如何?

数据的收集不仅是建立模型必需的，而且对项目进度优化很有帮助。根据初始化收集到的数据填写矩阵，完成矩阵初始化，若需对一个项目进行较好的理解，需要建立数字 DSM 矩阵，它能进行更为详细的分析。在进行初始化工作的过程中，随着对项目了解的增加，可能需要对前面的工作作出及时的修正，以达到正确反映过程的组成和结构，建立准确模型的目的。

5. DSM 计算

1）排序

排序是 DSM 的最基本计算。排序计算通过重新排列矩阵中的行和列元素的位置以尽可能将矩阵中对角线以上的标记（或数值）调整到对角线以下的过程。排序计算的目标是获得比较单一的信息流向，保证每个任务所需要的信息在此任务执行前就能获得。图 6.5（b）所示对象关系进行排序计算后其结构见表 6.1。

表 6.1 排序计算后顺序关系

Tab. 6.1 Sort order of relationship after calculated

	F	A	D	E	C	B
F	F					
A	×	A				
D		×	D			
E		×		E		
C	×		×	×	C	×
B	×				×	B

2）层次划分

层次划分是将其中的元素分为不同的等级。将各项任务看成网络中的节点，若某些节点不能由任何其他节点到达时，该节点即源节点；将这些节点从系统中删除再进行新的层次划分，可得到新源节点，这种划分称为正向层次划分。反之，系统中的某些节点只能由其他节点到达而不能到达其他节点时，将这些节点划入终节点，这种划分称为反向层次划分。每次搜寻到的新源节点或新终节点，就属于系统的某一层次。层次划分就是不断地搜寻新的源节点和新终节点的迭代过程。

3）分块

把矩阵分别按照横竖分割成一些小的子矩阵，把每个小矩阵看成一个元素。

4）聚类

聚类就是对 DSM 矩阵中相互依赖的作业进行识别和分块的过程。

每种 DSM 类型采用的排序、分层、分块、聚类计算见表 6.2[6-26]。

表 6.2　DSM 类型及计算技术
Tab. 6.2 DSM types and algorithms compared

类型	表现	计算方法
基于零部件	多部件之间关系	聚类（分层、分块）
基于团队	多团队间界面特征	聚类（分层、分块）
基于行为	任务/行为、输入/输出	排序（分块）
基于参数	设计参数决策	排序（分块）

6.2.3　域间关系 DMM

1. DMM 定义

设计结构矩阵分析领域内部要素之间关系是非常有效性，分析不同领域要素或活动之间的映射和联系方面无能为力，而产品制造过程同时是一个不同领域映射的过程，涉及顾客、功能、参数、过程、物理等多个领域，分析和利用各领域之间的动态映射过程和联系关系是项目成败的关键因素，由此需要应用领域配置矩阵（Domain Mapping Matrix，DMM）来分析[6-27]~[6-29]。

DMM 运用长方形矩阵来分析不同领域的组成要素之间的联系，DMM 矩阵框架的行与列表示不同内容，分属于不同领域，DMM 矩阵内元素表示不同领域对象之间的关系。DMM 分析得以应用于拥有不同要素/活动的不同领域之间的分析。

DSM 行与列所表示的对象相同、顺序相同，是正方形矩阵分析；DMM 行与列表示不同对象，是长方形矩阵。

产品制造映射过程中的领域之间映射（图 6.4）的 DMM 如图 6.8 所示[6-25][6-30]。

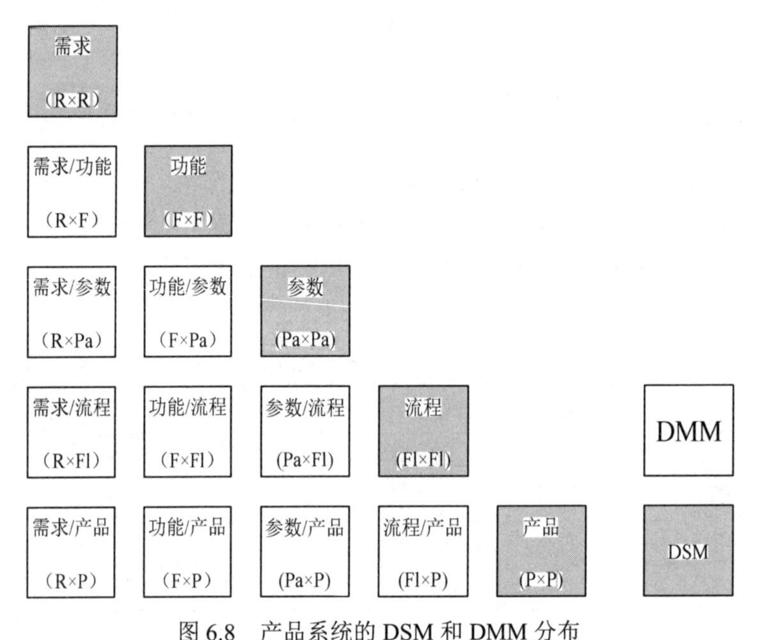

图 6.8　产品系统的 DSM 和 DMM 分布

Fig. 6.8 DSMs and DMMs specifically for the product system

2. DMM 初始化和计算

DMM 初始化跟 DSM 初始化类似。DMM 计算包括行计算和列计算。行计算是以行为单位从左至右计算以及行作为整体进行计算；列计算是以列为单位从上至下计算或整个列作为整体计算。行跟列计算主要是进行完备性检查，发现是否存在遗漏或冗余。DMM 计算包括层次划分、分区、排序、聚类等计算方式，见表 6.3。

表 6.3　DMM、DSM 计算

Tab. 6.3 Algorithms compared of DMM and DSM

类型	表现	应用	计算方法
DSM	域内元素关系	确定矩阵元素及元素顺序	排序、聚类（分层、分区）
DMM	域间不同类型元素相互关系	分类体现元素间顺序	聚类（分区、排序）

3. DMM 应用

DMM 运用长方形矩阵分析不同领域的组成要素之间的联系，可以体现不同领域之间的不同要素/活动之间的关系。

不同产品对象处理流程不同，以产品对象及流程为坐标（以产品作为行、以流程处理过程作为列）建立产品对象/流程矩阵见表 6.4[6-31]。

表 6.4　对象/流程矩阵结构

Tab. 6.4 Object - process matrix structure

	流程 A	流程 B	流程 C	流程 D	流程 N
对象甲	1	1	1	1	1
对象乙	1		1		1
对象丙		1	1	1	
对象丁	1		1	1	
对象戊	1	1	1	1	

表 6.4 所示对象/流程矩阵中，每一行表示一个对象的处理过程，反映对象应该达到的功能，“行”反映每个对象的过程变化，随着过程变化，对象的内涵也发生变化，通过前后是否连贯判断功能是否完备；每一列表示该过程涉及的对象，成为该过程工作安排的依据，“列”体现了跟流程有关的全部对象，反映了对不同对象同时进行操作的可能性。如图 6.9 所示为一个 DMM 聚类分析应用。

图 6.9 是利用 DMM 分析顾客需求和产品规格之间联系的例子。第一列的 P01-P18 共 18 行表示是顾客需求，第一行的 A-Z-a-o 共 41 列代表产品的性能，图 6.9 中 Input 和 Output 分别是分组之前原始矩阵和分组之后的矩阵。从图中可以看出，最大的不同是图 6.9 Output 中的要素聚集，不再散乱分布在矩阵的任何位置，要素间关系紧密。

DMM 分析的关键：DMM 可以体现映射过程中前一个域的需求，可以通过后一个域的哪些规格组合来满足，或者反过来说，后一个域所具有的特定规格的组合可以满足前一个域的哪些需求。当映射中出现两个域之间没有任何关系的空白集群时（图 6.9 Output 中的虚线框内），则可能存在映射不完全的情况，或者是这些特性本不属于与前一个领域的关联因素，这种情况的出现是要予以特别关注的。

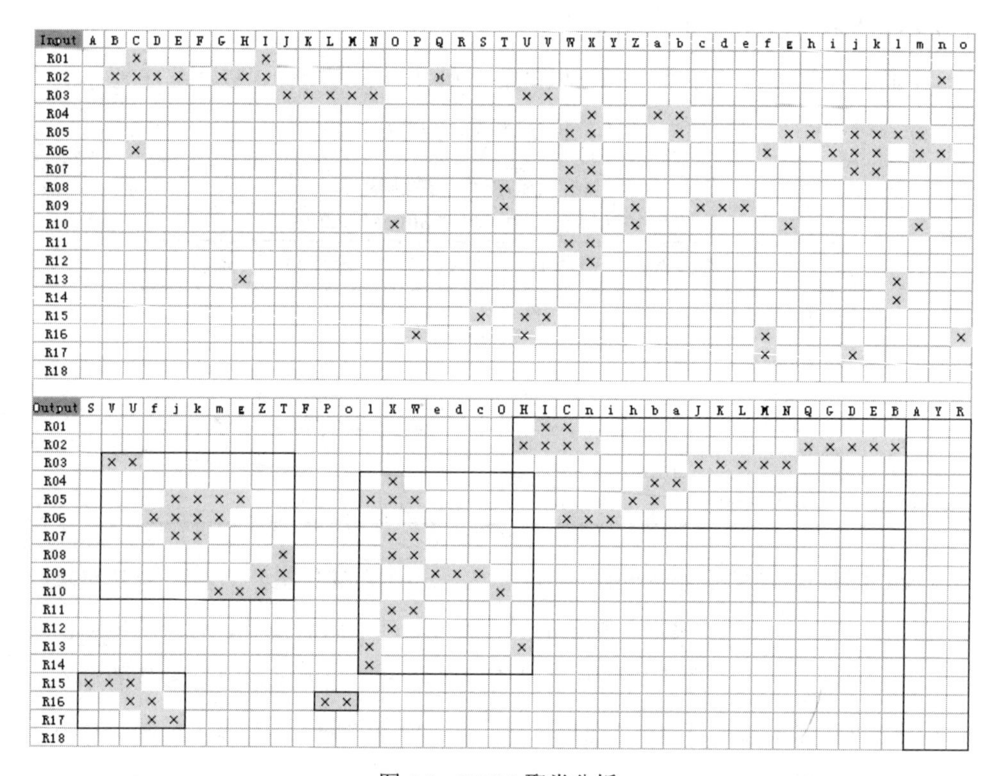

图 6.9 DMM 聚类分析

Fig. 6.9 Cluster analysis of DMM

4. DSM 与 DMM 的区别和联系

DSM 和 DMM 之间具有一定的相似性，都是基于矩阵的分析方法，都非常有效，应用范围方面，项目管理领域内用 DSM 来表示（进一步可以排序或聚类），各个领域之间的关系用 DMM 来分析。

DSM 和 DMM 分析之间的区别主要体现在以下方面[6-28]：

（1）对信息的基准和最终的关注点不同：排序 DSM 分析是从实施各项具体活动的时间先后角度来说明它们之间的相互依存性的，基于时间的分析，最终展示的是各项活动的实施顺序，其最重要的贡献在于找出项目实施中的组合活动；聚类 DSM 分析关注如何根据要素之间的联系程度进行分级，然后将联系程度高的元素整合到一个集群中，重点在于确定项目接口，跟时间无关；DMM 从信息的整合和关注点来说类似于聚类 DSM，但是它们分析的要素是不同的，而且 DMM 的集群并没有集中到对角线上去，同时 DMM 是对两个领域中的要素进行聚类分析。

（2）实际应用的范围不同：排序 DSM 分析主要用于分析一些具有时间依赖性的项目，比如基于信息流和信息之间依赖性分析；聚类 DSM 分析优先运用于那些与时间无关的项目或者产品规格、项目组织等单个领域的分析；DMM 分析主要用于分析不同领域之间要素或活动的相互联系和不同领域要素/活动之间相互整合。

DSM 和 DMM 分析在研究动机、分析对象和对于联系性的定义方面都有很大的不同，综合运用可以达到互补的良好效果。

6.2.4　多域映射分析

映射在前后两个域之间进行。一般情况下，设计者在映射开始时对进行映射的两个域有一定的初始设想（或初步设计），这个初步设想通过 DSM 方式不仅可以列出要素而且明示要素间的关系；然后通过 DMM 建立两个域之间的关系，利用 DMM 计算判别域内 DSM 的合理性，然后调整 DSM 和 DMM 直到得到一个合理的结果。基于 DSM、DMM 的从功能需求到设计参数的域间映射如图 6.10 所示。

图 6.10 显示的是 10 个功能需求（FR01-FR10）跟 12 个设计参数（DP01-DP12）之间的映射过程，其关系是：①功能需求（a）是映射出发点；②映射之前预设设计参数（c）；③进行域间映射（b）；④根据（b）确定（c）；⑤不满足要求从（a）再次循环。

基于 DSM 和 DMM 的域间映射体现了设计者的预期、域内要素关系、域间要素关系的动态迭代过程。

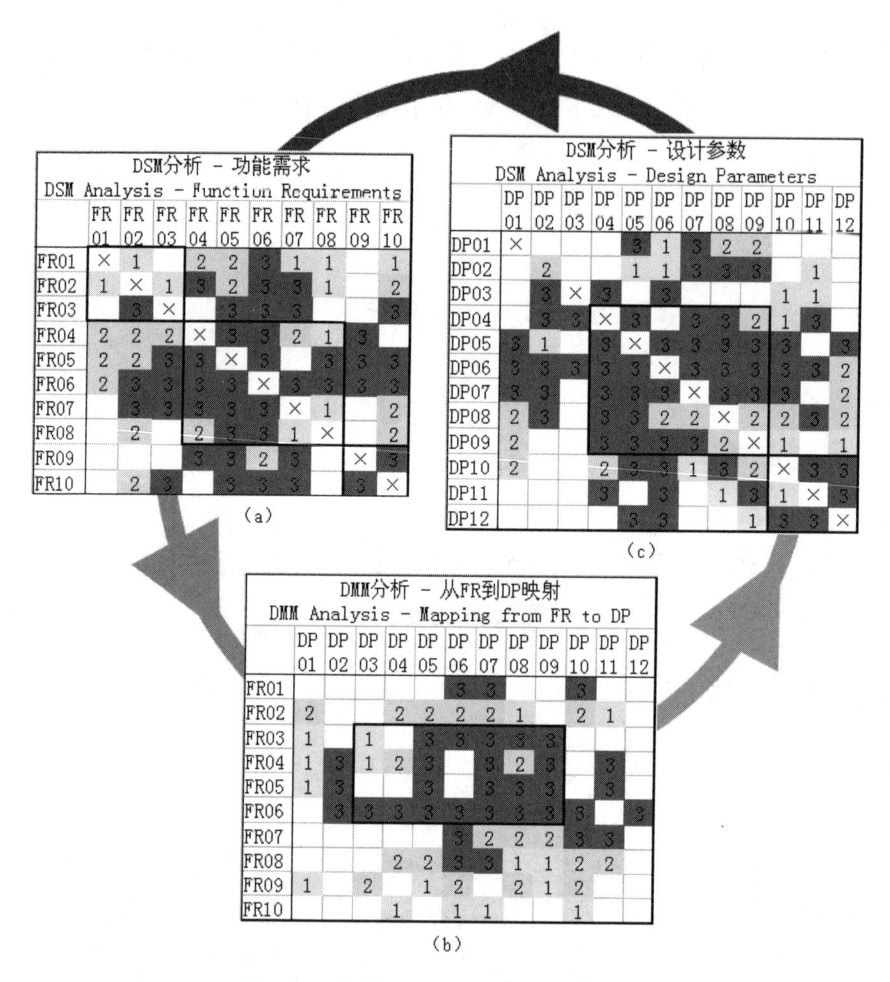

图 6.10 基于 DMM、DSM 的映射分析

（a）功能需求（FR）域内分析；（b）从 FR 到 DP 域间映射；

（c）设计参数（DP）域内分析

Fig. 6.10 Mapping analysis by DSM and DMM

(a) DSM Function Requirements Analysis; (b) DMM Function Requirements Vs Design Parameters; (c) DSM Design Parameters Analysis

6.3　过程数据一致性

6.3.1　数据一致性

模块设计生产过程是一系列映射，需要对同一事物进行不同类型描述或在不同阶段进行描述，定义同一事物或者属性的不同类型数据之间存在数据一致性要求，数据不一致引起的不匹配、错误等有时会严重影响产品质量，带来不可弥补的损失。

模块设计生产过程数据一致性主要是映射过程中数据的一致性，也就是产品设计过程中的图纸要求、指标参数、性能参数、各级功能与顾客需求的一致性，和加工装配生产中的数据和设计图纸数据的一致性。顾客需求、功能设置、性能参数、模块内相关组成部分的关联信息和特征属性在模块分析、理论计算、形成工程图纸、零件加工、装配以及形成模块过程中的数据一致性要求如图 6.11 所示。

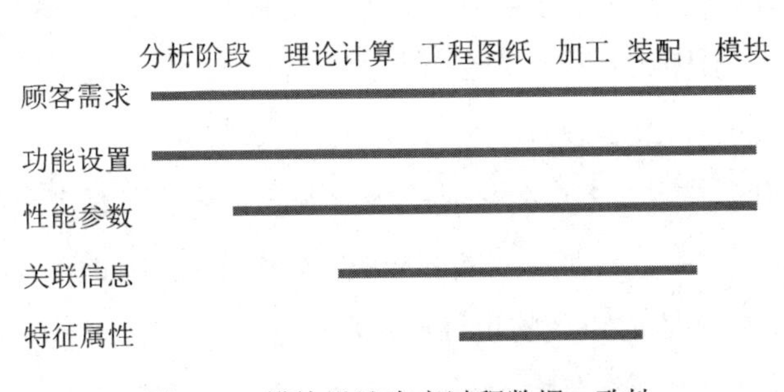

图 6.11　模块设计生产过程数据一致性

Fig. 6.11 Data consistency through whole process in module design and production

过程数据不一致性的来源主要包括两个方面：

（1）映射中的信息非正确传递和转换；

（2）并行过程中的工程变更。

6.3.2 工程变更

描述模块的各种信息在模块设计生产的映射过程中实现传递和转换，由于模块设计生产过程是在用户域、功能域、参数域、物理域等差异极大的领域之间映射，而且大多是进行创造性的劳动，没有成熟的参照物且是一个开放的过程，由此信息出现非对等传递和转换是不可避免的，表现为产品的质量问题，需要通过不断的回顾发现这种信息内容及信息量的不一致，并及时纠正。

顾客需求更改、供应商发生变化、纠正映射中偏差或解决产品质量问题，都可能提出工程变更（Engineering Change，EC）的要求。工程变更是一个广义的概念，可以是对产品及其组件的尺寸、材料、形态、装配和功能等所做的修改，也可以是简单地对文档的订正，也可以是复杂地对产品的设计和生产全过程的重新设计[6-32]。

在实际设计过程中，变更都不是单独发生的，而是许多变更活动相互影响的结果，因为工程产品是一个零件与系统交互的集合体，零件之间彼此相互影响，系统之间也存在依赖关系，因此对一个零件或者系统的工程变更会引起其他零件或系统的变化，也就是变更传播[6-33]。不仅要注意单独变更引起的变更传播，更重要的是要注意许多变更活动相互作用，从而形成一个复杂的变更传播网络。

更改传播潜在原因的几种行为包括[6-34]：

（1）设计人员忘记或者疏忽了产品之间的联系；

（2）系统中部件设计人员缺乏对整个系统的了解和对整个产品的总体认识；

（3）信息交流不畅，比如共用的部件被一个设计人员更改未及时通知其他方；

（4）复杂系统中临时出现的设计属性。

变更不能在同一水平上考虑，要分不同类型层次，将其细分为一般变更传播、功能变更传播、特征变更传播和派生变更传播四种层次。

6.3.3 变更传播

根据工程变更传播对工程的影响，将传播的方式划分为三类[6-33][6-35]，如图6.12 所示。

（1）水波式传播（ripple propagation），即初始变更引起的传播只会引起少量的其他变更，然后变更数量迅速减少；

（2）开花式传播（blossom propagation），即起初变更传播引起其他变更大量增加，如同在“开花期”，但之后变更数量逐渐减少，变更传播进入“凋谢期”，最后传播引起的变更数量可以保持在一个合理的数量上；

（3）雪崩式传播（avalanche propagation），即变更传播引起变更数量不断增加，如同雪崩效应或滚雪球效应，最后导致变更影响的数量难以控制。

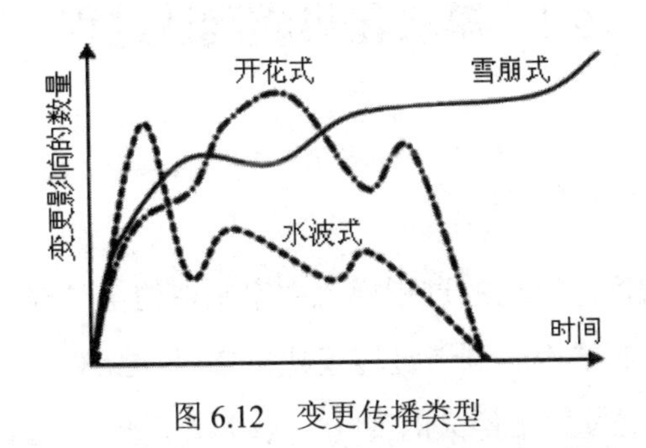

图 6.12 变更传播类型

Fig. 6.12 Propagation types of engineering change

如何确定某一产品的变更会引起哪一种类型的变更传播，Eckert 和 Jarratt 的研究并没有给出一个明确的方法。文献[6-34]通过 DSM 研究变更设计过程中，提出不同类型工程变更是由于变更传播涉及不同类型的变更设计模块，分为变更初始模块、变更吸收模块、变更携带模块等类型：变更从初始模块到吸收模块、无变更携带模块参与的是水波式变更传播；变更携带模块参与了变更传播且止于携带模块之内的变更传播引起开花式变更传播；变更携带模块之间反复地发生了变更传播导致雪崩式变更传播。

6.3.4 变更传播与数据一致性

由于工程变更传播会引起工程过程中的数据不一致，而数据一致性是变更传播理论上的最终目标，从数据是否一致角度研究工程变更及其传播可以使研究过程大大简化：

（1）对于导致更改传播的第一种和第三种行为，主要是更正错误的工程数据使得数据一致性，由于系统本身处于稳定状态，故工程更改传播是急剧收敛的，即水波式变更传播；

（2）对于导致更改传播的第二种和第四种行为，通过工程更改系统还能达到一个稳定的状态，也就是工程在有解范围内，这时是一种开花式变更传播；

（3）如果更改导致整个工程系统走向无解，则必然是一种雪崩式变更传播。

6.4 模块化集成制造过程

6.4.1 复杂产品制造过程

长期以来，常规产品制造的过程模式主宰制造的全过程，并没有全新的制造模式应用于复杂产品制造中。制造过程模式自 20 世纪 50 年代以来随着计算机辅助技术（CAx）的发展发生了巨大的变化，尤其是多媒体、虚拟现实等显示技术、有限元方法等离散技术的发展，20 世纪 90 年代以来产品制造过程向着数字化、集成化、自动化方向发展。

质量-成本-进度全面优化的追求和项目管理手段的更新，外包方式在现代复杂产品制造中得到越来越广泛的应用。并行、协同的作业方式以及用户方对过程控制的要求，复杂产品制造更加注重对节点的控制，由此以各种控制（进度、水平）节点为分界点的过程模式逐渐主宰复杂产品的制造。

复杂产品是用户高度参与开发过程的项目。复杂产品的关键节点包括任务书发布、项目投标、工程设计评审、产品验收等，其对应内容是任务书、设计方案（概念设计）、工程设计报告、产品调试和验收等阶段性成果。复杂产品制造在用户域、功能域、参数域、过程域、实体域之间的映射及其对应的需求工程、概念设计、工程设计、生产集成等过程如图 6.13 所示。

需求工程的工作是分析用户需求及采用什么方法进行满足。仅仅知道用户需求是不够的，需求的满足同样重要。复杂产品的用户需求并不一定都能满足，而且用户需求之间常常存在矛盾。任务书应该是一个可以得到满足的功能需求（FRs）和约束（Cs）的列表，可是这很难做到，任务书存在的问题为一方面是一种 FRs、Cs、顾客需求（CAs)、设计参数（DPs)、过程变量 PVs 的随机混合，另一方面是任务书并不会用工程语言和符号清晰、规范地表达。

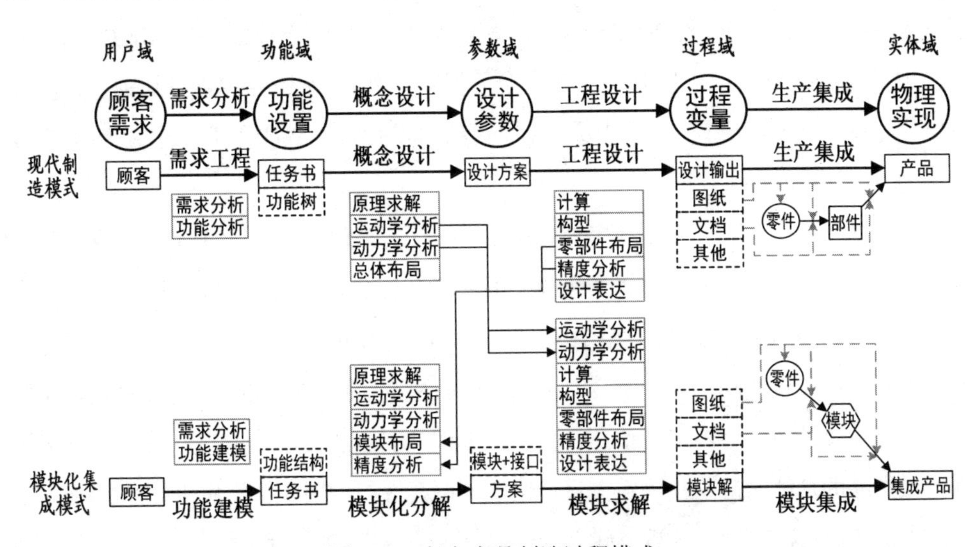

图 6.13　复杂产品制造过程模式

Fig. 6.13 Manufacturing process mode of complex product

概念设计最早由 Pahl 和 Beitz 提出[6-37]，现在有多种描述，比较多的观点倾向于认为概念设计是在满足预定功能条件下，各原理部件在空间或结构上的有机组合整体形式，用简图形式表达的广义解。一般强调在原理层次上反映功能，而不要求具备很精确的三维结构方面的信息。体现同一功能的产品可能有多种多样的工作原理，在功能分析的基础上，通过构想设计理念、创新构思、搜索探求、优化筛选取得较理想的工作原理方案。创新和多方案比较是概念设计的本质特征。概念设计的结果是确定总体设计方案。

工程设计是将总体方案细化为可以组成机器的零部件图纸和文档。一般将确定关键零部件和外购件的内容叫作技术设计，而确定每一个细节的内容则是施工设计。技术设计时要求零件、部件设计满足机械的功能要求及其他方面的要求。

施工设计是完成全部工作图设计及编制设计文件。绘制完整的零件图、部件图、总装配图，编制技术文件，如设计说明书、标准件、外购件明细表、备件、专用工具明细表等。

CAx 技术的采用使得工程设计过程发生了巨大的变化，传统的由总装配图分拆成部件、零件草图、经审核无误后，再由零件工作图、部件图绘制出总装配图的“从上至下再汇总”的设计方式发生了根本性的改变，现代设计则是“建模-分析-优化-工程图绘制”的过程模式，而且大量过程并行，设计软件成为现代制造过程中不可或缺的工具。

随着产品开发活动并行化程度的增加，决策失误概率也随之快速增加[6-38]。为了在增加并行化程度的同时，保证决策失误概率不会有很大的增加，基于计算机的产品多领域数字化模型集合体，包含有真实产品所有特征的虚拟样机技术[6-39]应运而生，以低成本开发和展示产品的各种方案，评估用户需求，提前对产品的用户满意度作检查，提高产品设计的自由度；能够快速方便地将工程师的想法展示给用户，在产品开发早期测试产品的功能，降低出现重大设计错误的可能性；利用虚拟样机进行产品的全方面的测试和评估，可以避免重复建立物理样机，减少开发成本和时间。

6.4.2 模块化集成的过程

模块化集成制造过程是模块化方式跟现代制造过程相结合。产品制造在用户域、功能域、参数域、过程域、实体域之间的映射分别是功能建模、模块化分解、模块理论求解、模块实物求解和集成的过程，其过程如图 6.13 所示。

模块化集成将复杂产品或系统分解为若干可分离的，一定程度上相互独立的较简单的问题单元（模块），并通过单独研究和解决这些单元来解决总问题。问题单元比较容易解决，模块化集成制造过程可以用图 6.14 来说明。

模块化集成制造相对现代制造最大的变化体现在概念设计上，工程设计阶段次之，其他阶段相对变化较小。获得设计方案的关键是进行模块化分解，定义模块和接口等模块外部参数，而对于模块内部参数则不予关心，因此工作的重点是原理求解、运动学分析、动力学分析、模块布局和精度分析。

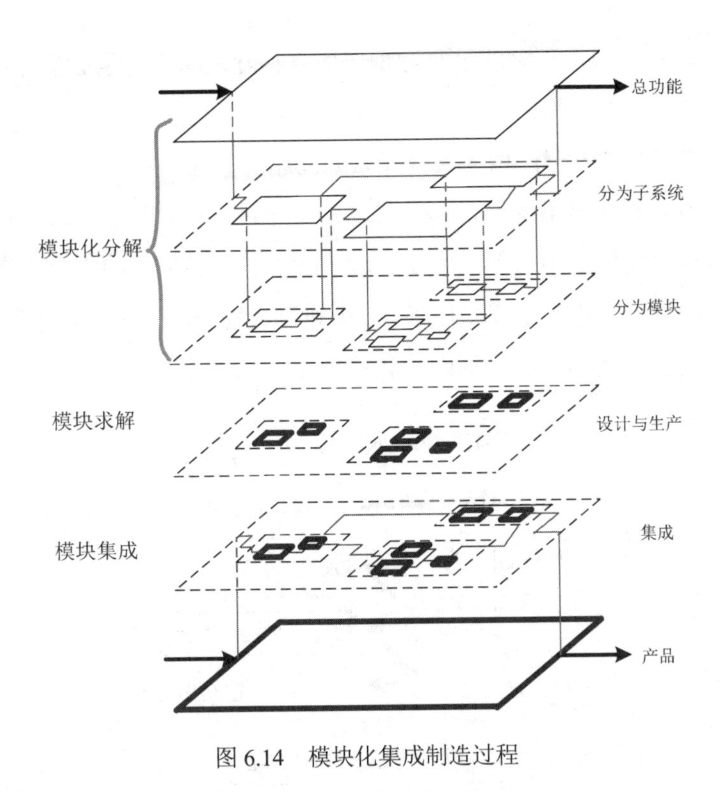

图 6.14　模块化集成制造过程

Fig. 6.14 The process of modular intergrated

6.4.3　模块化集成制造的过程差异

模块化集成制造模式，通过模块界面的方式降低了映射过程中的复杂性和不确定性，从而有利于实现映射，降低难度、提高效率和缩减成本。模块化集成制造的过程差异主要包括由重复映射变成阶段性映射、迭代由大循环变成小循环和缩短制造时间三个方面。

1. 阶段性映射

产品制造是域间映射过程，公理化设计理论认为设计是一系列“Z”字形映射过程，传统设计和现代设计对域内各个元素的独立性要求不高，而且没有明确的界定，于是这些相互耦合的元素映射过程中必然出现大量的重复更迭，映射过程是一个不断重复的过程。功能域（FR）与参数域（DP）间映射如图 6.15（a）

所示，映射过程是一个不断的重复过程，而且相互之间耦合也必然导致大量重复映射甚至进入死循环。

模块化集成制造模式，由于域内元素之间相对独立，模块之间只有接口关系，域间映射多数是单一映射关系，即直接从前一个域映射到后一个域，映射简单、容易实现。模块化集成制造模式中功能域（FR）与参数域（DP）间映射如图 6.15（b）所示。模块化集成制造模式，大大减少映射过程中的重复性工作和耦合关系，简化了映射过程，提高了映射准确性和效率。

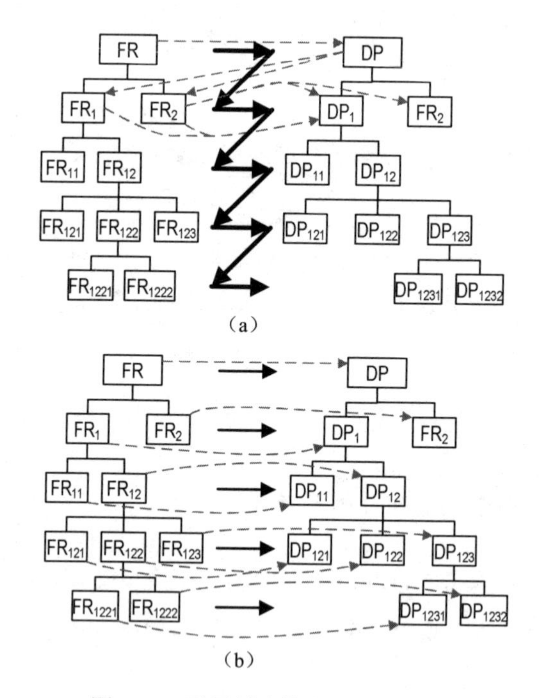

图 6.15　不同制造模式的映射特征

（a）常规制造模式；（b）模块化集成制造模式

Fig. 6.15 Mapping characters

(a) Common mode; (b) modular manufacturing integrated mode

2. 小循环迭代

产品制造过程是一个阶段化、螺旋上升、信息逐步完善的过程，制造过程中往复迭代是常见现象。

常规的零部件组装方式，零件之间、部件之间、零件和部件之间会有大量关联关系，在设计过程中必然要不停地协调、更改、映射；而且难免在详细阶段发现早期的接口问题或者其他不可解决的问题，必须返回到技术设计阶段甚至是方案设计阶段，制造过程有频繁的大范围反馈，常规制造模式中的过程及其反馈如图 6.16（a）所示。

模块化集成制造模式，在模块化分解阶段通过定义模块接口确定模块之间的关系，这就确定了模块的外部关系（外部参数）；模块的设计与生产在模块范围内进行参数迭代，模块外部参数作为输入条件，由此，迭代只在模块内部进行。只有当模块内部无解的时候才需要反馈到模块外部参数，这种情况的出现说明模块化分解是不完全的。模块化集成制造模式如图 6-16（b）所示。

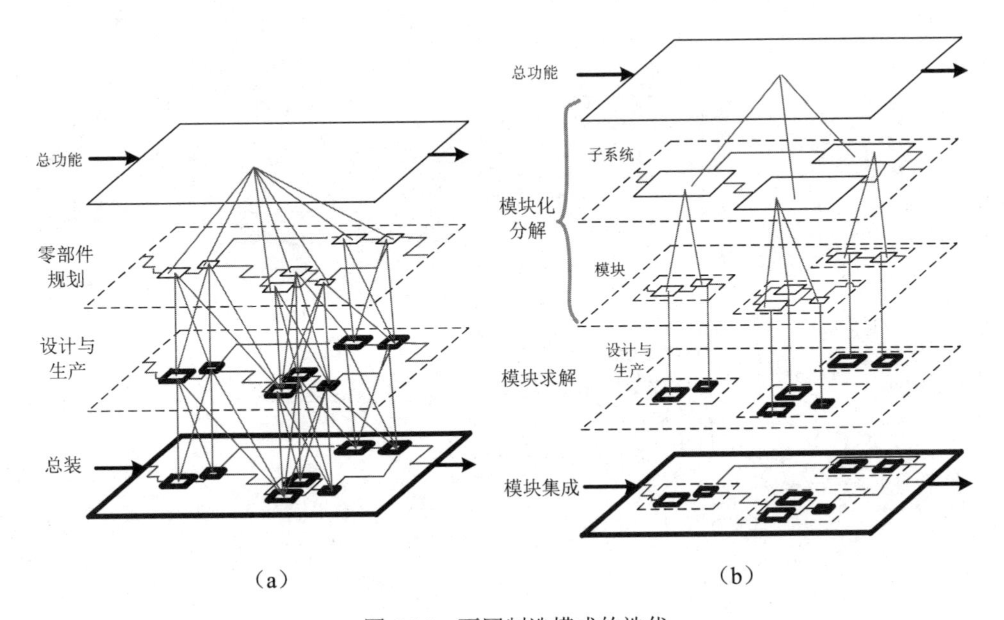

图 6.16　不同制造模式的迭代

（a）常规制造模式；（b）模块化集成制造模式

Fig. 6.16 Iteration characters

(a) Common mode; (b) modular manufacturing integrated mode

3. 缩短制造时间

并行工程通过打破部门间的壁垒、优化信息流动来降低成本、缩短产品上市时间，而模块化集成制造模式最大限度“集成地、并行地设计产品及其相关过程（包括制造过程和支持过程）”，并通过各种 CAx 软件支持下的数字化技术并行实现模块的设计、测试、生产、装配，制造时间大大缩短，而且降低了模块集成（常规制造模式的产品总装）时间，并可以通过各种数字化手段进行仿真提前发现问题。复杂机械产品模块化集成制造并行过程如图 6.17 所示。

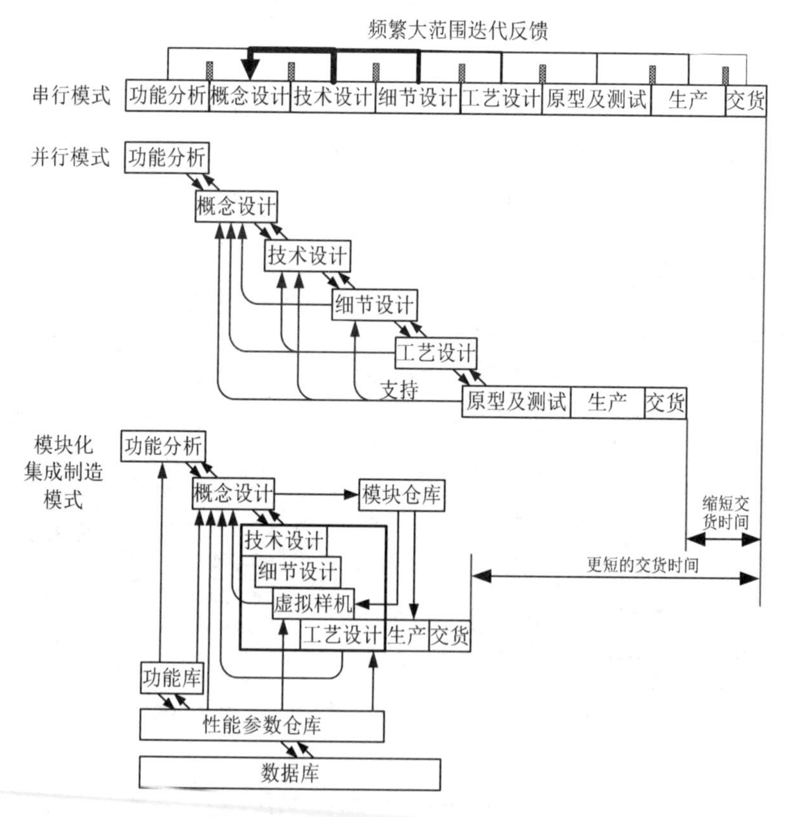

图 6.17 模块化集成制造模式并行过程

Fig. 6.17 Concurrent process of modular integrated manufacturing

6.4.4　集成制造中的现代方法

现代设计方法的主要着力点是确定原理性能和主体尺寸，对应的是概念设计和工程设计，前者的关键是创新，后者为快速获得逼近实际情况的最优结果。

常规机械设计方法是依据力学和数学建立的理论公式和经验公式为先导，以实践经验为基础，运用图表和手册等技术资料，进行设计计算、绘图和编写设计说明的过程，强调以成熟的技术为基础，是当前机械工程中的主要设计方法，占据国内机械设计教科书讲授的主流。现代设计方法强调以计算机为工具，以工程软件为基础，运用现代设计理念进行机械设计，从不同角度深化机械设计，提高产品设计质量，降低产品成本。

设计方法带来的改变主要体现在两个方面：一方面，采用新的设计思想，带来根本性变化设计方法，如优化设计、计算机辅助设计 CAD、智能设计、设计自动化、并行设计；另一方面，更新设计手段，使得设计模型更加接近真实情况，主要有工作能力准则增多、计算范围变大、模型更具体等，如工作能力准则从强度、刚度、振动稳定性扩展到可靠性、寿命等，计算范围从局部到全局进行系统设计，模型由定性到定量、静态到动态、常量到变量、宏观到微观，如图 6.18 所示。

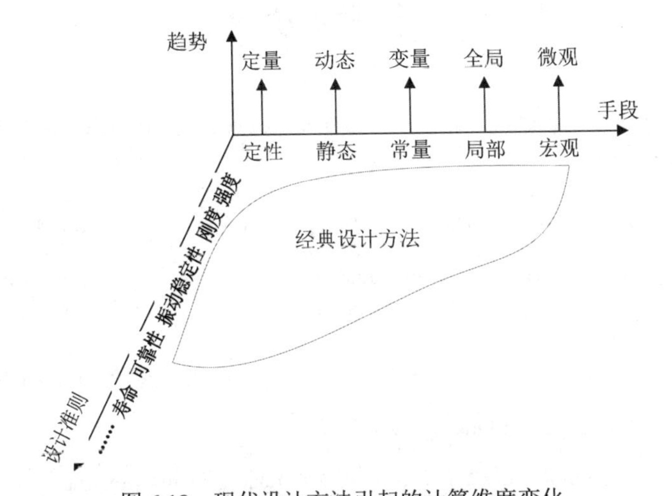

图 6.18　现代设计方法引起的计算维度变化

Fig. 6.18 Change of calculate dimensions by modern design methods

6.5 本章小结

产品制造用户域、功能域、参数域、过程域、实体域的映射过程。本章采用矩阵方式分析产品制造过程，研究了制造过程表达、映射、数据一致性及模块化集成制造的过程特征，得出以下结论：

（1）表达描述域内元素关系和域间映射关系，通过分区、排序、聚类等矩阵计算，DSM 处理域内元素间的串行、并行和耦合关系，DMM 实现不同域间的映射，降低过程复杂性和可靠性。

（2）设计与生产数据一致性是映射成功的关键要素，工程变更及变更传播方式的研究有助于保持数据一致性。

（3）模块化集成制造模式实现过程由重复映射变成阶段映射、迭代过程由大循环变成小循环、缩短实现时间有助于产品制造。模块化集成制造模式有利于现代设计方法从扩展设计计算准则、扩大设计计算范围、最大程度接近工程实际情况三个维度，以支持域间映射或者域内处理过程模块方式融入经典设计理论体系。

参考文献

[6-1] Cross N .Engineering Design Methods: strategies for product design. Chichester, Wiley 1991.

[6-2] Bras B, Mistree F. Designing Design Processes in Decision-Based Concurrent Engineering. SAE Transactions Journal of Materials and Manufacturing. 1991, 100: 451-458.

[6-3] Frederik Erens. Product Modeling Using Multiple Levels of Abstraction Instances as Types. Computers in Industry.1994.

[6-4] Hubka Vladimir, Eder W. E. Eder W. E. Trans. Principles of Engineering Design[M]. Butterworth Scientific Press, 1982.

[6-5] Otto Kevin, Wood Kristin. Product Design[M]. New Jersey: Prentice Hall, 2000.

[6-6] Pahl Gerhard, Beitz Wolfgang. Engineering Design: A Systematic Approach(3rd Ed.)[M]. London: Springer-Verlag London Limited, 2007.

[6-7] 赵新军. 技术创新理论 (TRIZ) 及应用[M]. 北京: 化学工业出版社, 2004.

[6-8] Suh Nam Pyo. Axiomatic Design: Advances and Application[M]. New York: Oxford University Press, USA, 2001.

[6-9] 吴澄. 现代集成制造系统导论——概念、方法、技术和应用[M]. 北京: 清华大学出版社, 2002.

[6-10] 宁可, 牛东, 李清, 等. 基于 IDEF3 方法的经营过程仿真建模[J]. 计算机集成制造系统-CIMS, 2003, 9(5):351-356.

[6-11] Project Management Institute A Guide To The Project Management Body Of Knowledge (3rd ed.)[M]. Project Management Institute. 2003.

[6-12] 张亮, 姚淑珍.一种新的基于 Petri 网的分层工作流过程模型[J]. 计算机集成制造系统, 2006, 12(9):1367-1373.

[6-13] Scheer, August-Wilhelm. ARIS - Business Process Modeling(3rd Ed.)[M]. Springer-Verlag Berlin Heidelberg, 2000.

[6-14] Hammer M., Champy J. Reengineering the Corporation: A Manifesto for Business Revolution[M]. HarperBusiness, 1994.

[6-15] Jin Y., Lu S.C.-Y. Toward a better understanding of engineering design models[C]. Grabaowski H., Rude S., Grein G. Eds. In Universal Design Theory[A]. Shaker Verlag, Aachen, Germany. 1998:71-86.

[6-16] Sullivan L.P. Quality Function Deployment[J]. Quality Progress, 1986, 19(6):39-50.

[6-17] Steward D.V. The design structure system[M]. Document 67APE6, General Electric, Schenectady, NY, 1967(9).

[6-18] Steward D.V. The design structure system: A method for managing the design of complex systems[J]. IEEE Trans Eng Management EM-28, 1981, (3): 71-74.

[6-19] Eppinger S D, Whitney D E, Smith R P, et al. A model-based method for organizing

tasks in product development. Research in Engineering Design, 1994, 6(1):1-13.

[6-20] Carrascosa M., Eppinger S. D., Whitney D. E. Using the design structure matrix to estimate product development time[J]. in Proc. ASME Des. Eng. Tech. Conf. (Design Automation Conf.), Atlanta, GA, 1998.

[6-21] Browning T. R., Eppinger S. D. Modeling impacts of process architecture on cost and schedule risk in product development. Lockheed Martin Aeronautics, Fort Worth, TX, Working Paper, 2001.

[6-22] Browning T. R. Applying the Design Structure Matrix to System Decomposition and Integration Problems: A Review and New Directions[J]. IEEE Transactions on Engineering Management, 2001, 48(3): 292-306.

[6-23] Browning T.R., Eppinger S.D. Modeling Impacts of Process Architecture on Cost and Schedule Risk in Product Development[J]. IEEE Trans. on Eng. Mangt, 2002, 49(4): 428-442.

[6-24 Browning Tyson R. Use of Dependency Structure Matrices for Product Development Cycle Time Reduction[J]. Proceedings of the Fifth ISPE International Conference on Concurrent Engineering: Research and Applications, Tokyo, Japan, July 15-17, 1998c, pp. 89-96.

[6-25] Browning, T.R. The design structure matrix. in Technology Management Handbook, Dorf. R. C. Ed. Boca Raton, FL: Chapman & Hall/CRCnet-BASE, 1999:103-111.

[6-26] 苏财茂，柯映林. 面向协同设计的任务规划与解耦策略[J]. 计算机集成制造系统, 2006, 12(1):21-26.

[6-27] Danilovic Mike, Sandkull Bengt. The use of dependence structure matrix and domain mapping matrix in managing uncertainty in multiple project situations[J]. International Journal of Project Management,2005, 23:193-203.

[6-28] Danilovic Mike, Browning Tyson R. Managing complex product development projects with design structure matrices and domain mapping matrices[J]. International Journal of Project Management 2007, 25:300-314.

[6-29] Bartolomei J., Cokus M., Dahlgren J., et al. Analysis and Applications of Design Structure Matrix, Domain Mapping Matrix, and Engineering System Matrix Frameworks. Cambridge, Mass. Massachusetts Institute of Technology: Working Paper No. ESD-WP-2007-8-1-ESD Internal Symposium.

[6-30] Browning TR, Fricke E, Negele H. Key concepts in modeling product development processes[J]. Systems Eng., 2006, 9(2):104-128.

[6-31] 李梦奇, 谢志江, 李冬英, 等. 基于广义设计结构矩阵的激光装置装校流程分析[J]. 中国机械工程, 2010.

[6-32] Eckert C, C1afksonn PJ, Zanker W. Change and customization in complex engineering domain[J]. Research in Engineering Design, 2004,15:1-21.

[6-33] Jarrantt TAW, Eckert CM, Clarkson PJ, et al. Product architecture and the propagation of engineering change[C]// Proceedings of t he 7th International Design Conference. Zargreb, Croatia: Design Society, 2002:75-80.

[6-34] Jarratt T, Eckert C, Clarkson PJ. Change practice during complex product design. 14th CIRP Design Seminar, Cairo, Egypt, 2004.

[6-35] Eckert CM, Zan Ker W, Clarkson PJ. Aspects for a better understanding of changes[C]// Proceedings of the 13th International Conference on Engineering Design. Burry St Edmunds, U.K:Professional Engineering Publishing, 2001:147-154.

[6-36] 何睿, 唐敦兵, 薛建彬. 基于设计结构矩阵的工程变更传播研究[J].计算机集成制造系统, 2008, 14(4): 656-660.

[6-37] Pahl G., Beitz W. Engineering design: a systematic approach[M]. London: Springer-Verlag, 1988.

[6-38] Dieter George E. Engineering Design(3rd Ed.)[M]. Boston: McGraw-Hill International Editions, 2000.

[6-39] 熊光楞, 李伯虎, 柴旭东. 虚拟样机技术[J]. 系统仿真学报, 2001, 13(1):11

概　　要

模块化通过把系统分解为相对独立的组成部分并以标准接口相互连接的方式减少产品发展过程中的复杂程度。本书基于模块化思想，提出模块化集成制造模式，将复杂机械产品或系统分解成相对简单的可进行独立设计的半自律性子系统模块或功能独立模块的方式实现复杂产品制造，建立集成框架体系，系统研究集成制造模式中模块化分解、模块求解、模块集成以及产品全生命周期的过程支撑技术。主要研究内容有：

（1）提出模块化集成制造模式，建立模块化集成制造框架体系。模块化集成制造模式面向全生命周期综合考虑产品制造，以模块为界把产品分为外部参数和内部参数，通过模块化分解和模块集成实现复杂机械产品。模块化集成制造包括模块化分解、模块求解、模块集成与系统建模等关键问题。

（2）模块是参数化的功能、接口、性能、结构、几何等特征的函数，分为独立模块和虚拟模块两类。功能和结构是模块的两个关键要素，功能和结构明确的模块是独立模块，否则是虚拟模块（隐模块）。

（3）功能和约束的四种模块化分解方法。功能元集合法和流图通路法是基于功能元的方法，满足功能独立原则，可以实现层次型系统的模块化分解，前者采用功能元求解和组合方式，后者基于系统中的能量流、物质流和信息流。基于 DSM 的聚类模块化分解方法实现耦合关系系统分解，能量、物质、信息和空间是联系要素，也是聚类计算依据。基于灵敏度的模块化分解方法是参数化方法，对系统整体及子系统局部优化效果显著，尤其对复杂耦合系统。

（4）求解中的过程模块化。设计图纸和报告进一步分解，以虚拟模块方式实现图纸与报告模块化，并以此作为设计与生产的连接。

（5）模块集成是结构、信息及资源的综合，集成规划是关键。集成不仅包括结构上的装配，同时还包括信息、环境、设备、人员及时间等资源的综合。集成

序列规划和集成路径规划是集成的关键；集成资源规划主要包括：是约束也是资源的集成时间，模块和接口等集成信息资源，设备、人、资金等集成支撑资源。支持各类资源集成的平台是集成效率的保障。

（6）制造是用户域、功能域、参数域、过程域、实体域的多领域映射过程。DSM 处理域内元素关系和 DMM 进行域间元素映射，清楚全面地体现制造过程，分区、排序、聚类等矩阵计算有助于降低映射中的复杂性和不确定性。映射中的数据一致性是映射成功的关键要素，模块化集成制造模式简化映射过程。

关键词：模块化集成制造；复杂机械产品；过程；模块；设计结构矩阵；领域映射矩阵；模块化分解

SUMMARY

In this book, the modular idea, by the product or system can be broken down into a relatively simple design of semi-independent sub-modules or functions of self-disciplined way of independent modules for complex mechanical products manufacturing. Modularize integrated manufacturing model put forward to establish an integrated framework of the system. Systematic study of the integrated manufacturing model in the modular decomposition, module solution, module integration and product life cycle, the process of supporting technologies, the main research findings include:

(1) Proposed modular integrated manufacturing model, the establishment of the framework of modularize integrated manufacturing system. Modular integrated manufacturing model for the entire life cycle of manufacturing comprehensive consideration to the module for the sector, the products are divided into external parameters and internal parameters, through the modular decomposition and module integration of complex mechanical products. Modular integrated manufacturing, including the modular decomposition, modular solution, module integration and system modeling and other key issues.

(2) Modules are parameterization of function, interface, performance, structure, geometry and other characteristics. It is divided into independent module and the suppositional module two kinds by the parameter. The function and structure are two key element of module, function and structure of specific modules are independent modules, otherwise it is a suppositional module (hidden module).

(3) Four kinds of modular decomposition method for functions and constrained decomposition. Function cell gathered method and flow diagram path method are two

methods based on functional element method, to satisfy the principle of functional independence can be achieved hierarchical system of modular decomposition, the former use of function unit Solution and combinations, while the latter is based on the system of energy flow, material flow and information flow. DSM-based clustering approach to achieve coupling between the modular decomposition of system decomposition, energy, materials, information and space to link the elements, but also are the base for clustering. The modular decomposition method based on sensitivity is the parameter method, the overall system and subsystems local optimization results are obvious, especially for complex coupling system.

(4) Modularize for the process of solving. Design drawings and report decompose further, and modularize with suppositional module way, and as the connection of the design and production.

(5) Module integration is the structure, information and resources, and the planning of integrated is the key. Integration includes not only the structure of the assembly, while including information, environment, equipment, personnel and time resources in a comprehensive. Integrated sequence planning and integration of path planning is the key to integration; integrated resource planning, including: the integration of resources is also a time constraint, modules and interfaces, integrated information resources, equipment, people, capital and other resources for integration support. Support a variety of resources, the efficiency of the integrated platform is an integrated protection.

(6) Manufacturing is a user domain, functional domain, the parameter domain, process domain, physical domain, multi-domain mapping process. Dealing with the relationship between elements within DSM and DMM elements for inter-domain mapping, clear and comprehensive reflection of the manufacturing process, zoning, sorting, clustering and so help to reduce the mapping matrix, the calculation complexity and uncertainty. Mapping of the data consistency is the key element in the

success of mapping, modular, integrated manufacturing model to simplify the mapping process.

Keywords: Modularize Integration Manufacturing; Complex Mechanical Products; Process; Module; Design Structure Matrix; Domain Mapping Matrix; Modular Decomposition